先代・先々代の生きた証を探る貴重な資料！

軍歴証明の見方・読み方・とり方

行政書士
栗須 章充［著］

日本法令

プロローグ

皆さんの周りには戦争体験を話してくれる人はいるでしょうか？

第二次世界大戦終結から70年を迎え、終戦当時20歳の若者も現在は90歳以上となります。仮に身近に戦争経験者がいても、なかなか戦争の話を興味をもって聞いてくれる世代は少なくなっているかもしれません。

それでも間違いなく、戦争体験したすべての人の人生に大きな影響を与えているはずです。あなたの親戚に戦争体験者がいませんか？　本書で解説している「軍歴証明」を読み解くことで、戦地のことだけでなく戦争全体の物語が見えてきます。また、戦争体験者にとっては自らの経験を子孫に語り継ぐ貴重な資料となります。

私の父は大正14年2月生まれで、終戦の年に戦争へかり出されました。私が子供の頃は父から聞く戦争の話が大好きでした。銃器の取扱いの失敗や、軍内の厳しい生活等を笑い話にして話してくれていたからです。父は終戦後シベリアに抑留されたにもかかわらず無事帰国することができました。父から聞いたシベリアの話は、その寒さと物資の不足に関する話ばかりでした。父が日本に帰ってから、敗戦国にもかかわらず物資が豊富で（けっして豊富なわけがないのですが）驚いたとの感想を持ったそうです。父は近年亡くなりましたが、父の思い出に欠かすことのできない軍歴をもっと知りたいと思ったのが軍歴証明に関わることになったきっかけでした。

一般の人は、「自分の家系は武家の出だ」とか、「江戸時代から伝わる商家の末裔だ」とかの話には興味を示すようです。しかし、家系図を作ってみても、現在では名前や本籍地まではたどれたとしても、何をしていた人物かということは、よほど有名な人物以外はわかりません。

そこで最近、脚光を浴びだしたのが「軍歴証明」です。

〝証明〟といっても、戸籍などと違って定型的な文書があるわけではありません。戦時に様々な形態で軍に関わったことの記録・資料のことを、総称して「軍歴証明」と呼んでいます。この資料は、ある範囲の親族であれば国に開示を請求することができるのです。

自分が生まれる前に戦死したと聞いている祖父のことなど、悲しみが深く親はあまりその詳細を話したがらなかったために自分がほとんど知らなかったような場合でも、記録から何らかの事実が読み取れるかもしれません。火事等で消失した資料は復元のしようがありませんが、運がよければ当時のことが記録として残されているのです。軍人や兵隊として戦争に関わった人ばかりではなく、軍の医療機関で看護師をしていた祖母の記録などというものも見つかるかもしれません。

軍歴証明は、先代・先々代の家族がどのような生き方をしたかを知るための貴重な資料となります。自分の歴史ではありませんが、現代を生きるすべての人にとって有益な資料になることは間違いありません。

最近は核家族化が進み、親戚との行き来が昔のようには頻繁ではなくなってきています。少し離れた親戚とは会ったこともない、という方も少なくないのではないでしょうか。そうしたことを背景に、最近は自分たちの祖先を忘れないためにも家系図を作る方が多いと聞いています。家系図と共にそれぞれの先祖の年表を作ってみてください。そして、そこに軍歴証明から明かされる事実を重ね合わせてみてください。戦争に行った人に限らず、関わる親族の結婚した時期や子供が生まれた時期、様々な人生ドラマが読み取れるかもしれません。足取りを追うツアーなども興味深いものになるでしょう。

先祖の慰霊、家族とのコミュニケーションツール、自らの記念…きっかけはそれぞれです。本書を参考に、是非、軍歴証明の取得に挑戦してください。

平成27年6月

著者

もくじ

第2章　軍歴証明の申請

第4章　資料の見方

第5章　軍歴証明と資料の活用テクニック

第6章　補完資料

第1章 軍歴証明の基礎知識

1-1

軍歴証明とは

いわゆる「軍歴証明」とは、日本の軍隊に自ら志願し、または徴兵・召集されたあらゆる方々の記録の総称です。具体的には、①戦没者遺族、傷痍軍人及びその遺族、退職軍人及びその遺族等が国の補償制度としての恩給を請求するときなどに使う、公印の押される正式な証明書で所属や期間を証明するものと、②一般的には公印の押されない資料としての要素の強いものの二通りがあります。

本書で説明するのは後者の「軍歴証明」で、一つの定型様式があるものではなく、旧帝国陸海軍の軍人・軍属の任免、配属、賞罰、傷病、その他進級や昇給等の処遇について記録したものや、軍隊に関わった個人や部隊等の記録についてです。例えば、軍が管理していた「兵籍簿」や「履歴原表」などの写し、都道府県が履歴書形式に編集したものが代表的なものです。

1-2

軍歴証明がない場合がある

もともとは軍が保管していた資料ですが、現在は都道府県や厚生労働省が保管をしています。しかし、すべての資料が現存するわけではありません。輸送途中の紛失、消失、海没や保管場所の火災による消失など想像に難くありませんが、戦争の終期には戦況の悪化による混乱で、部隊からの報告自体がされなかったことや、終戦時の焼却命令に従い、灰になったものも多いです。戦時中とはいえ、基本的には不慮の事故をさけるため地下倉庫に格納するなど、保管には万全を期されていたようです。相対的には、陸軍資料より海軍での資料のほうが保管率はよいようです。

1-3

どこに請求するの？

基本的に陸軍に所属していたか、海軍に所属していたかによって請求先が違います。陸

軍であった方の軍歴証明の請求先は、原則、昭和20年終戦時の本籍所在地の県となります。陸軍軍属のうちの高等文官、従軍文官についての請求先は厚生労働省です。なお、それ以外の陸軍の業務に従事したことがあった方の軍歴資料も厚生労働省にある場合があります。県と厚生労働省とに、別に、または同時に請求することになります。

海軍に所属していた方の軍歴証明の請求先は、厚生労働省です。

以下、陸軍と海軍の資料の保管先が違う来歴を、簡単に説明します。

陸軍に所属していた方の資料保管

第二次世界大戦終戦時までの兵籍及び戦時名簿は、原則として所属部隊が保管していました。外地部隊に所属する者の兵籍は、所属部隊の留守部隊が保管していました。終戦に伴い、各部隊が保管していた兵籍、戦時名簿等は、すべて連隊区司令部に継承されましたが、昭和20年11月30日、陸軍及び連隊区司令部が廃止されたことにより、当時の第一復員省及び地方世話部に引き継がれ、その後地方自治法の施行により兵籍、戦時名簿はそれぞれ各都道府県に移管されました。

留守名簿は、留守部隊において外地に派遣されている部隊（軍人・軍属）の人事記録をまとめ、家族との連絡といった事務的な後方作業を行うために作成されていたもので ⇩ 東部軍留守部 ⇩ 陸軍留守業務部 ⇩ 第一復員省 ⇩ 復員庁・厚生省留守業務局（部） ⇩ 未帰還調査部 ⇩ 厚生省・社会援護局という流れで保管されてきています。

旧陸軍に在籍していた将校、高等文官及び一部の雇傭人（工員を含みます）の名簿も厚生労働省が保管しています。

海軍に所属していた方の資料保管

旧海軍に在籍していた士官（おおむね海軍兵学校、海軍経理学校出身の士官と、鎮守府に在籍していて、海軍少佐となった者）、高等文官等の「奉職履歴」は当時の海軍省が、また、特務士官以下の「履歴原表」は各鎮守府がそれぞれ保管していました。その後、第二復員省及び各地方復員局に引き継がれました。第二復員省は幾度か機構の変革を経て地方復員部となり、地方復員部の廃止により「奉職履歴」及び「履歴原表」は、すべて厚生労働省社会・援護局（当時の引揚援護局）に移管され現在に至っています。

1-4

申請に必要な書類・入手手続き

現在においては、軍隊に関わった本人以外の親族からの請求が多いと思われますので、親族が請求する場合について説明します。なお、本人からの請求であれば、身分証明書のみで請求可能となる所がほとんどです。

・交付申請書の入手

担当の役所のホームページからダウンロードできる場合もありますが、電話等で請求先に連絡してからFAXや郵送での取り寄せをしなければ入手できない場合もあり千差万別です。

どちらにしても最初は役所に電話することから始めましょう。取得の目的によって区別している場合もあります。

・軍隊に行かれた方と請求する方の関係のわかる戸籍類の取り寄せ

旧軍人軍属本人との親族関係等が証明できる戸籍類が必要になります。場合によっては何通かの取得が必要になる場合もあります。提出の際にはコピーでも認めるところや、原本を返却してくれるところもありますので、最初の連絡の際に確認するとよいと思います。

・除籍

本人の戦時中の本籍を明らかにするために要求するところがあります。厚生省と一部の県で必要とされます。除籍まで求めるような所では、原本を要求されることが多く、ほぼコピーでの申請は認められない傾向にあります。

・身分証明書

交付申請する方の身元を証明するための身分証明書です。運転免許証の写しや健康保険証の写しなどですが、写真がない証明書では、他の証明書類と合わせて要求する役所もあります。

・住民票

請求する方の住民票です。厚生労働省と一部の県で添付を要求されます（請求先により請求日の30日以内発行のものを要求する場合と、60日以内のものを要求する場合がありますので連絡時に確認してください）。

・その他

祭祀者（で親等が遠い方等）から請求する場合にはその旨の証明が必要です。

また、請求の可否は各役所の判断となりますので、問合せの時に最初に確認してください。請求できる場合でも、寺院等の墓を借りていることの証明（とくに決まった様式はありません）や家庭裁判所への祭祀権の相続の申述にかかる証明書等が要求されることがあります。

1-5

費用はどのくらいかかるの？

費用については、行政サービスの一環として手数料無料（送料含む）の所もあれば、数百円分の県収入証紙か、金額分の切手同封等もあり、中にはどちらかを選択できる県もあり、バラバラです。

申請書に添付が必要な、戸籍・除籍・住民票の取得費、送料を除いた費用例をパターンに分け以下に列挙します。ただし、本書執筆時点での概要ですので、役所の方針によっては今後変更される可能性があります。参考程度にお読みください。

全部無料で請求できる役所

- 厚生労働省、富山県等……手数料 不要、返信用切手・封筒 不要

返信用切手のみ必要とする役所

- 北海道、大分県等……手数料 不要、返信用切手・封筒 必要（82円～１２０円）

岐阜県、静岡県のように、簡易書留郵便で封筒のサイズはＡ４サイズと決めているために、その送料（４５０円）が必要な県もあります。

手数料必要（返信用切手必要不要は、県によりバラバラ）

- 福井県、岡山県等……手数料（１００円～７５０円）

　支払い方法については県収入証紙による場合や、郵便局で入手できる郵便小為替や手数料分の切手（組合せについても確認が必要です）でよい場合などがあります。県によっては発行資料のコピー代として1枚10円程度を必要枚数分、別途支払う必要がある場合もあります。また、コピーだけなら無料でも、公印のある「証明書」としての発行の場合には４００円程度の手数料を徴収する場合もあります。

などといった具合なので、残念ながらここで明確な金額は提示できませんが、残っている資料によっても変わってきますので、申請前の確認が必ずいるということを理解していただければ十分です。

1-6

誰の軍歴証明書が取れるのか？

　軍歴証明書は個人情報ですので、現在のところ請求できる方は限られています。基本的には本人及び親等の近い者限定で請求ができます。多くの都道府県が請求者の父や祖父、おじ等の血族3親等以内からの請求を認めている傾向にあります。ただし、例外もありますので、以下にパターンを列挙します。

基本的に本人にしか認めていないが、本人死亡の場合のみ、親族請求を認める

- 本人死亡に限り2親等まで……高知県、宮崎県等（2親等以内の親族がいない場合は3親等まで認めている県もあります）
- 本人死亡に限り3親等まで……長崎県、熊本県等

本人の生死に関わらず3親等まで認める

多くの都道府県が3親等までの親族からの請求を認めています。ただし、本人が生存の場合は、本人からの請求としたほうが、添付書類が省略できる等の関係で費用も軽減でき、担当者の事務作業も減るとの理由で「できれば本人申請としてほしい」と指導される場合もあります。本人以外からの申請書類でも本人の承諾が確認できれば「本人申請であった」として処理する県もあります。本人が生存の場合には「本人が請求できない理由」を求められることもあります。

本人の生死に関わらず6親等まで（血族なら「誰でも」の県もある）認める

厚生労働省、三重県等は6親等までの親族等からの請求を認めていますが、本人が生存の場合は「できれば本人から請求してほしい」と言われることもあります。

祭祀主催者

大阪府や愛知県は前記の親族に当たらない場合でも祭祀主催者に請求を認めています。ただし、「祭祀主催者」であることの証明等、別途書類が必要になります。

その他

基本的には3親等までだが、理由、状況によれば「戦友」等にも発行するという県もあります。

1－7

所属が陸軍か海軍かわからない場合はどうしたらよいのか？

軍歴証明を請求するにはある程度本人の所属がわからないと、どこに請求したらよいかがわかりません。しかし、そもそも陸軍にいたのか、海軍にいたのかがわからない場合はどうしたらよいのでしょう。

本人がご存命なら直接聞けばよいのですが、故人となっている場合ですと、故人をよく知る親族や友人などの近しかった人から情報を集めるか、故人の残した資料を元に推測していくしかありません。

例えば恩給の資料が残っている場合があります。当時は恩給請求のために必要な軍歴証明書の請求に、本人から軍歴申立書を提出させていたようです。本人の記憶を元に書いた軍歴申立書は、あくまで本人の申告によるものなので、日付等の間違いが多かったようです。中には虚偽の申告をした者もいたようですので、軍歴申立書を確認する際は、軍隊手帳などの他の資料とも照らし合わせましょう（恩給の請求のためだったので、都道府県の担当者は、内容を正確にするため、各種資料と照らし合わせて提出された軍歴申立書を調査していました）。

本人のことをよく知る知人から、本人が知人に話した内容についての情報を集めて、陸軍・海軍のどちらに所属していたかを推測する材料にすることもできます。

「軍隊に行っていた」

これでは陸海軍の違いはわかりません。

「〇〇方面に行っていた」

場所によっては、陸海軍の部隊のどちらかを推定できる可能性もあります。「大陸」「ビルマ」「ガタルカナル」は大部分が陸軍部隊ですので陸軍と推定されますが、海軍の「特別陸戦隊」「警備隊」「設営隊」等が配置されていたりしますので注意が必要です。

「戦車に乗っていた」

陸軍の可能性が強いですが、海軍にも小規模ながら戦車部隊がありました。

「船に乗っていた」

海軍の可能性が大きいですが、陸軍も独自に船舶を保有していました。空母型の船舶や潜水艦型のものまであったそうです。

「飛行機に乗っていた」

これでは陸・海の違いはわかりません。「陸軍飛行兵」「海軍航空兵」の違いがあります。空軍はありませんので。

「○○兵団にいた」「○○部隊にいた」

兵団や、○○の部分が通称号（兵団文字符）であれば、陸軍です。「玉兵団」や「狼兵団」など。

故人が残した遺品から手帳や写真などを調べる

戦没者であれば「○○において死亡」等の表現で戸籍に記載がありますが、陸軍か海軍かは不明のままです。しかし、前述の「○○方面」と同様にその戦没場所によっては推定できることもあります。

陸軍「軍隊手帳」

在隊中は所属部隊等で保管、除隊後は陸軍兵だった個人に交付され、普段は召集に備え奉公袋の中に保管されていたようです。しかし、第二次世界大戦終結による除隊（復員）者では軍隊手帳を持ち帰ることができた方は少ないそうです。

海軍「携帯履歴」

陸軍の軍隊手帳に相当するものです。しかし、軍隊手帳と同様、終戦後復員した方で、これを持ち帰ることができた方は少ないそうです。

軍事郵便など

宛先や差出人部分に、部隊名や通称号が書かれていることから判断材料になる可能性が大きいです。「○○部隊」の部隊名のうち○○の部分が指揮官の名字の場合もあります。

写真

鉄帽のマークが「星章」なら陸軍、「錨と桜」または「錨」は海軍等、そのときに着ていた服装や装備からもある程度判断可能となりますし、撮影場所が明らかな場合は部隊を探す参考になるかもしれません。

それでも陸軍か海軍かの判断がつかない場合は、まず本人（旧軍人・軍属）の昭和20年終戦時の本籍のあった都道府県へ問合せをして、そこに記録がなければ、海軍である可能性が強くなります。都道府県だけではなく厚生労働省へも同時に問合せや請求をしてみるのもよいでしょう。

コラム 日本の軍隊に空軍はないの？

現在の日本には、軍隊ではありませんが「陸海空3自衛隊」があります。しかし、当時の軍には陸軍、海軍しかありません。空軍はないの？零戦はどこの所属？と不思議に思われた方も多いと思います。

第二次世界大戦中、陸軍海軍と並ぶ独立した軍として「空軍」を保有していたのは、ソビエト、イタリア、イギリス、フランス等です。もともと飛行機が戦争に使われるようになったのはそれほど古くはなく、飛行機が急激な発達を遂げた第一次世界大戦中より戦間期にかけて、徐々に第三の「軍」として存在を確立していきました。

日本においては、そもそも大日本帝国憲法第11条において「天皇ハ陸海軍ヲ統帥ス」とあり、「空軍」の保有となると憲法改正の必要がありました。

陸軍は大陸で対ソ戦を戦うための陸軍飛行隊を、海軍は太平洋で対米戦を戦うための海軍航空隊を育成し、それぞれ独自の規格・性能の飛行機を開発していました。有名な「零戦」は海軍、「隼」は陸軍の所属でした。当時の技術レベルがそれほど違うわけもなく、似かよった性能の機体を別々に開発するという結果になったようです。陸軍と海軍がライバルのように開発費や技術を取り合ったために、結局のところ「空軍」は実現しませんでした。

一方、アメリカも当時は日本と同様に空軍を保有せず、陸軍航空隊、海軍航空隊（海兵隊航空団を含む）がありました。なかでもアメリカ陸軍航空隊は独立性が強く、戦後の「空軍」が生まれる母体となりました。

第2章
軍歴証明の申請

■「軍歴証明」申請の流れ

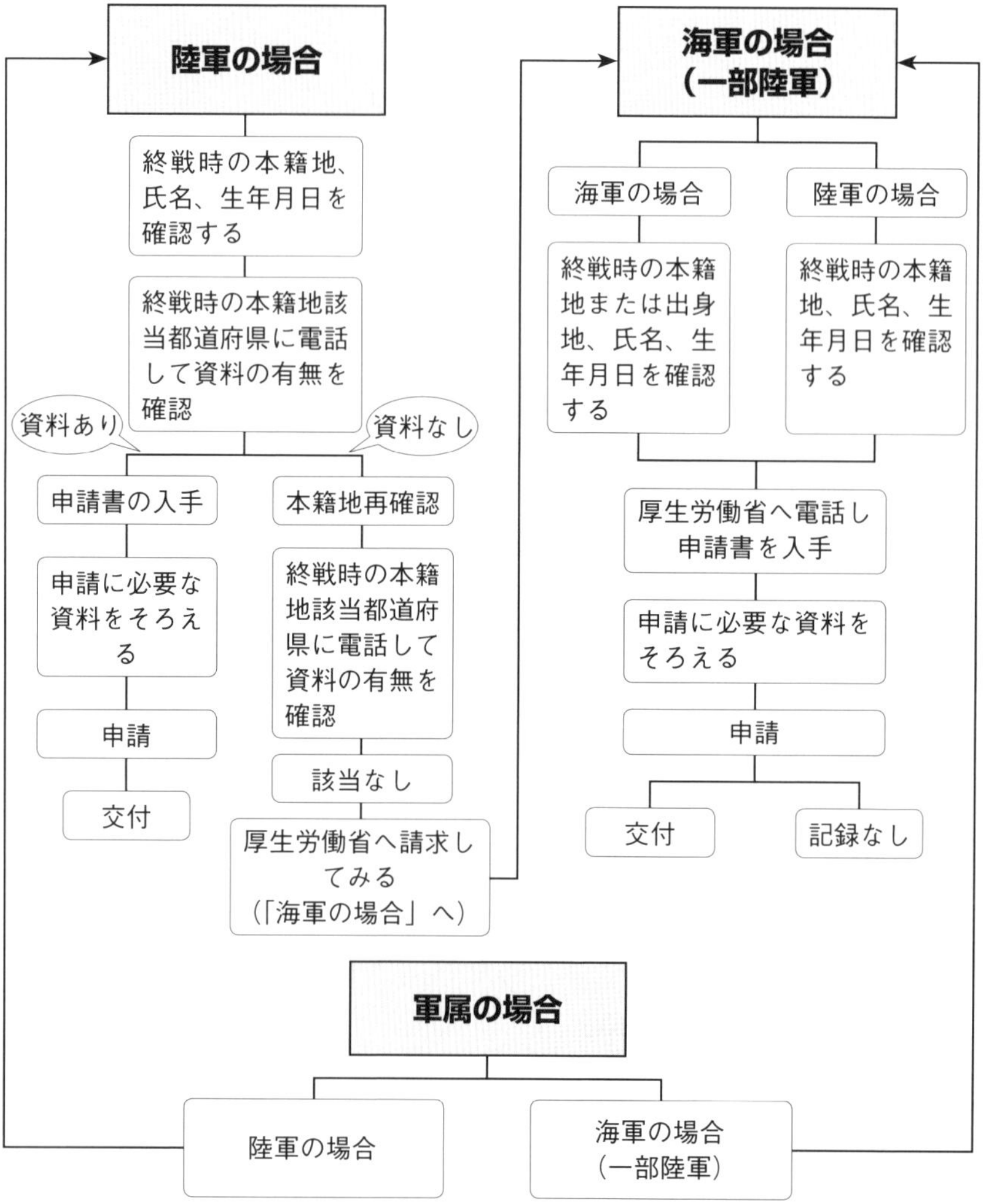
陸軍の場合
終戦時の本籍地、氏名、生年月日を確認する
終戦時の本籍地該当都道府県に電話して資料の有無を確認
資料あり
資料なし
申請書の入手
申請に必要な資料をそろえる
申請
交付
本籍地再確認
終戦時の本籍地該当都道府県に電話して資料の有無を確認
該当なし
厚生労働省へ請求してみる（「海軍の場合」へ）
海軍の場合（一部陸軍）
海軍の場合
陸軍の場合
終戦時の本籍地または出身地、氏名、生年月日を確認する
終戦時の本籍地、氏名、生年月日を確認する
厚生労働省へ電話し申請書を入手
申請に必要な資料をそろえる
申請
交付
記録なし
軍属の場合
陸軍の場合
海軍の場合（一部陸軍）

2－1

軍歴証明の申請概要

第一章で、請求先、必要書類、費用、請求可能な範囲等は説明しましたが、実際の請求に際しては、把握している旧軍人・軍属本人の情報を役所の担当者に伝える必要や、申請書に記載する場面も出てきます。請求先によって必要書類も変わります。

そのため、まずは電話で厚生労働省・都道府県の担当部署に問合せをし、自分の親等で請求可能か、必要書類が何か、戸籍がどこまで必要か、費用はいくらかかるのか等、注意事項等を聞く必要があります。いきなり申請書と添付書類に費用を送付しても、受け付けられる場合もありますが、書類等の過不足や本籍地のある県を間違えるなど請求先の間違いがあれば、無駄な費用と時間を消費します。

・陸軍であった場合の軍歴証明請求

都道府県への事前の問合せ

問合せの前に、旧軍人・軍属本人の氏名・生年月日・本籍に関する資料を用意しましょう。それから、都道府県に資料の有無を調べてもらってください。調査にかかる時間はまちまちです。都道府県担当者より請求者に連絡がありますので、資料の存在が確認された場合にのみ申請へと進みます。

ただし、陸軍でも高等文官、従軍文官、造兵廠等所属の雇傭人・工員であった方の軍歴請求先は厚生労働省になります。また、高等文官、従軍文官、造兵廠等所属の雇傭人・工員以外の方でも、都道府県にはない軍歴資料の交付が受けられる場合もありますので、都道府県から軍歴証明・資料の交付後、または都道府県への申請と同時に、厚生労働省への申請もおすすめです。厚生労働省への請求方法は海軍の場合を参照してください。

・海軍であった場合の軍歴証明請求

厚生労働省は、事前の問合せによる旧軍人・軍属本人の資料の有無については、回答をしません。申請書を受け付けた後に調査を開始します。軍歴証明請求をしたい旨を伝えると申請書がＦＡＸまたは郵送で送付されます。現在のところ厚生労働省のホームページからの申請書入手はできません。

問合せ及び請求の際、基本的に陸海共通の必要な情報として次のようなものがあります。

- 請求の目的・用途（記録保存、慰霊、自分史作成等）
- 調査する事項・交付文書等の内容（何を調べてほしいのか、何を交付してほしいのか）
- 旧軍人・軍属本人の存命・死亡（存命の場合に本人が請求できない理由を聞か

れます）

- 請求者との関係
- 軍に所属していた当時の
  正確な氏名（正確な漢字、改姓がないかを確認してください）
  生年月日
  昭和20年終戦時の本籍地（厚生労働省の申請書には「本籍地または出身地」欄があり、出身地の記載でも調査可能のようです）
- わかっている範囲での、旧軍人軍属本人の軍歴（兵籍番号・階級・所属部隊・任地など）
- 請求者の氏名、住所、電話番号（連絡先として、聞かれます）

参考‥本籍が「樺太」「千島」の場合、「朝鮮籍」「台湾籍」の場合

昭和20年終戦時の本籍地が「樺太」「千島」であった方は、北海道が請求先となります。

「朝鮮籍」「台湾籍」であった方は、厚生労働省が請求先となります。

2-2

申請手続の詳細（陸軍であった場合）

旧陸軍軍人であった方の軍歴証明請求先は、昭和20年終戦時に本籍のあった都道府県になります。都道府県によって多少の違いはありますが、請求の流れは以下のようになります。

各都道府県の多くは福祉担当部門が窓口となっていることが多いようです。詳細は201ページの窓口一覧をご覧ください。

手続きの流れ

① 旧陸軍軍人の終戦時の本籍地である都道府県へ電話し、軍歴証明を請求したい旨、及び軍人本人の名前・生年月日・本籍地を伝え、資料があるかどうかを調べてくださいと依頼します。そのときに請求の目的を聞かれることが多いので、個人的な記録としてであり、公的な手続きに使用するためではないことをはっきり伝えてください。

② 通常数日で、資料の有無について、都道府県担当者から連絡があります。保管資料の電子化が進む県では、その場で調べて回答してくれるところもあります。

③ 資料があることがわかりましたら、請求手続に移ります。まず申請書の入手方法を担

当者から案内されますので、案内に従って申請書を入手してください。都道府県のＨＰからダウンロードできる場合やＦＡＸや郵送による場合があります。最近はメールに添付して送信してくれる役所も増えています。

④　申請書が届いたら記入手引きなどを参照に正確に記入して、戸籍等の指示された添付書類ならびに手数料がかかる場合は指定された支払い方法に従って、費用・返信用封筒等を都道府県へ送付します。申請書は進行状況を確認する場合や、役所から問合せがあった場合に備えてコピーをとっておいたほうがよいでしょう。申請書の記載内容は複雑なことはありませんが、記入内容を間違えると面倒ですので、書き方について不明な場合は申請する前に役所に確認してください。

⑤　都道府県から軍歴証明書または兵籍簿の写し等が郵送されてきます。この期間については様々で、翌日発送してくれる場合もあれば2～3カ月かかる場合もあります。

⑥　都道府県保管資料以外がほしい方は、①と同時でもかまいませんが、厚生労働省にも請求してください。請求の方法は次項2-3「海軍であった場合」を参照してください。

各手続きの解説

①　終戦当時の本籍地がわからない場合はまず、現在または最後の本籍地から戸籍をたどって当時の本籍地が判明してから請求手続きを進めてください。当時の本籍地等がわからない段階で、現在住んでいるまたは出身地であろう都道府県の担当部署へ電話して必要書類等を聞いた場合でも、担当者は自らの都道府県の必要書類等についてはきちん

と教えてくれます。

しかしながら、都道府県によって必要書類等に差があるため「他都道府県では、それぞれ独自の申請書様式を使っている上、必要書類に違いがありますので、まずは終戦時の本籍地の都道府県に尋ねてください」といった趣旨のアドバイスをされることが多くなります。

二度手間になりますので、まず、終戦時の本籍地調査から始めてください。終戦時の本籍地については旧軍人本人が存命であれば本人に尋ねるのが早いのですが、記憶があいまいであったり、本人が死亡していた場合、本籍地の調査は、『わかりやすい戸籍の見方・読み方・とり方』（伊波喜一郎・山崎学・佐野忠之 共著、日本法令）等の書籍をご覧いただくか、市区町村の戸籍担当へ連絡し、軍歴証明をとるために使用することをはっきりと伝えた上で取得方法を相談し、旧軍人本人の本籍地の記載ある戸籍を入手してください。

本人以外からの軍歴証明請求の場合は、請求者とのつながりが読みとれる戸籍が必要になるので、併せて入手してください。婚姻や転籍により、別の地域の役所に戸籍を請求する必要がある場合がありますので注意してください。

具体的には市区町村の戸籍の窓口で「○○（旧軍人の名前）の昭和20年終戦時の本籍地がわかる戸籍と、本人と私のつながりが証明可能な戸籍をください」と伝えてください。役所が近い場合は直接行って相談するのもよいと思います。遠隔地の場合は担当に電話相談し郵送申請することになります。

本籍地が判明したらその都道府県の担当部署（201ページの窓口一覧を参照）へ電

話してください。電話交換に「軍歴証明の担当を」と伝えても取り次いでくれます。

担当者に軍歴証明をとりたい旨を伝えてください。請求の目的や本人と請求者との関係等を聞かれますので、以下を参照して正確に回答してください。

担当者から「軍歴証明の使用目的は、恩給や年金ですか？」等と使用目的を尋ねられますから、恩給や年金とは違うことを伝え「慰霊のため」「記録保存のため」等、きちんと個人の記録として保管したいと、使用目的を伝えます。恩給用等の軍歴証明と個人の記録用の軍歴証明では、その記載内容は同様であっても、手続きとして別になります。本書で説明している軍歴証明は、いわゆる証明書という形では交付されないことも多く、兵籍簿のコピーや、履歴書として交付されます。詳しくは第3章で説明します。

また、本人以外が申請する場合は「本人による請求ではない理由」を尋ねられます。本人が戦死している場合や、戦後亡くなっているのでしたら、その旨を伝えてください。この場合、死亡している証明を求められることもありますので注意が必要です。戦死している場合は戸籍の記載からその事実がわかる場合もありますが、戦後に死亡していて本籍地が移転している場合などは、除籍が必要な都道府県もあります。存命の場合、「本人が高齢のために代わって請求します」等の返答をしてください。

多くの都道府県は、ここで請求者の連絡先を聞き、後日資料確認後、電話等での連絡となりますが、資料保管に関して電子化が進んでいる県は、その場で資料の有無を調べてくれる場合もあります。

②都道府県から連絡があり、資料の有無がわかります。資料が都道府県にある場合は、申請書入手へと進みます。

※本籍地の都道府県に資料がない場合もあります（第1章1-2の説明参照）。軍に関わっていない場合や、資料が失われた可能性が考えられますので、資料の保管状況を役所に聞いてみるとよいでしょう。都道府県によっては、資料の有無を厚生労働省に問い合わせてくれる場合もあります。

③　申請書は都道府県のホームページからのダウンロードや、都道府県からのFAX、メール添付、郵送での入手が基本です。「必要事項が書いてあれば、様式を問わず受け付ける」都道府県もありますので、担当者に確認してください。

④　入手した申請書を確認すると「軍歴証明書がほしいだけなのに、なんとなく申請書名が違う」と感じる方も多いかと思われます。過去の記録とはいえ、個人情報でもあり申請書名は都道府県により多岐にわたります。

例えば「軍歴証明書の発行願い」「兵籍簿閲覧（交付）申請書」「軍歴証明願い」「軍歴資料提供申請書」「旧軍人軍属関係情報提供申請書」「旧軍人等個人情報開示請求書」「軍歴資料開示請求書」など様々です。しかしながら、必要な記載事項は基本的に同様です。第2章2-1の各項目を間違えないように記載します。

申請書

・申請者欄

申請者の名前・住所・連絡先を記載してください。申請手続きをしている方の名前等です。連絡先電話番号は自宅電話だけでなく携帯電話等の日中連絡がつく番号がよいでしょう。名前の後に押印が必要な場合がありますので注意が必要です。この印鑑は原則認印で大丈夫です。

・旧軍人・軍属等氏名

旧軍人の氏名を戸籍通りに記載してください。改姓・改名があれば時期や旧姓、改姓後の姓等も一緒に記載されるとよいでしょう。

・終戦時身分・階級

陸軍将校、兵長等、わかる範囲で記載してください。わからなければ空欄のままでも、不明と記載しても結構です。

・生年月日

旧軍人の生年月日を記載してください。

・終戦当時の本籍地

戸籍の右にある旧軍人の本籍地を記載してください。

・用途・目的

慰霊のため。記録保存のため。回顧録作成のため等、請求目的を記載してください。

・交付文書等の内容

軍歴証明、戦没地がわかる資料、○○（氏名）の記載ある軍歴資料すべて等と記載してください。

・旧軍人軍属等との続柄

○親等親族、本人等続柄を記載してください。親等がわからない場合は甥、姪、孫とかでも結構です。

この他にも、旧軍人・軍属期間の履歴内容や、軍人恩給受給の有無（恩給証書番号）等の欄もありますが、わかる範囲で記載してください。わからない場合は記載しなくても大丈夫です。軍歴証明にはいろいろな資料がありますので、「○年○月佐世保上陸・召集解除」や「シベリアに抑留されていた」など資料を探すヒントとなるようなことがわかりましたら記載してください。申請者の保有資料の提供を求められる場合もあります。

また、旧軍人の資料には刑罰や病歴等に関する記載がある場合があります。この資料の提供を希望するか、しないかの選択がある都道府県もあります。多くの請求者の方は親等の近い身内の方だと思いますが、個人情報であり、また、旧軍人本人の名誉にかかわることですので慎重に選択してください。「軍隊に行く」ということに対し、戦前の人間と、戦後の人間では別の人種かと思われるほど価値観の違いがあります。特に本人が存命で、本人に伝えず軍歴証明書類を取得し、軽い気持ちで刑罰や病歴のある軍歴を本人に見せ

「(父よ・祖父よ)あなたから聞いていた話と違うよ」などと言って激怒された話を聞いたことがあります。身内とはいえ重要な個人情報ですので、その保管や、公表に関しては慎重に行うに越したことはありません。

都道府県によっては、軍歴証明書や履歴書といった形(詳細は第3章で解説)で提供する場合と、保有している資料、例えば兵籍簿などをそのままコピーして提供する場合があります。またはどちらかのみの提供や、こちらで選択する必要がある場合など様々です。軍歴証明書や履歴書といったもの以外の資料を提供することが可能かどうかを担当者に確認し、可能であるようなら是非、提供を受けてください。その旨を、「保管軍歴資料をすべて交付してください」等と申請書に記載するか付箋紙などで貼り付けてもよいでしょう。別途費用が必要であったり、閲覧は可能だがコピーは資料が劣化するので認められていない場合や、その他資料については一切交付していないなど、都道府県の考え方の違いにより対応は様々です。

添付書類

・戸籍

本人が申請する場合は必要ありませんが、本人以外の方が申請する場合、本人とのつながりを証明するために必要になります。現在戸籍・原戸籍・改正原戸籍すべてを取得する必要はありません。孫から祖父の軍歴の請求であれば、祖父の昭和20年終戦時の本籍がわかる戸籍(本籍地を正確に申請書に記載する必要から入手されると思います)、この戸籍に父の名前が記載されていれば、あとは自分の名前の記載のある父が筆頭者の戸籍をとると2通で済みますが、父の名前の記載がない場合、祖父の昭和20年終戦時の本籍がわかる戸籍（おそらく曾祖父が戸主の戸籍）と、祖父が筆頭者で父の名の記載ある戸籍、父が筆頭者で自分の名前のある戸籍の3通が必要になります。また、改姓・改名がある方は、改姓等が確認できる戸籍も必要です。

終戦時の本籍地が正確にわかっていれば、つながりを証明できればよいので、必要な戸籍については、「終戦時の本籍地の記載ある戸籍が必要か、単につながりが証明できればよいのか」を都道府県の担当者によく確認してください。

※コピーで構わないとする都道府県もあります。

・除籍

戦地から生還し、戦後死亡している場合、都道府県によっては必要になります。都道府県に電話したさいに担当者から「生還されて、戦後死亡ですか？」と尋ねられますので、併せて、除籍（死亡しているか確認できる）が必要か確認してください。

※コピーで構わないとする都道府県もあります。

・身分証明書

申請者の身分を証明するものとして、同封します。ただ都道府県によっては、身分を証明するものとして2種類の写しを求める場合ありますので、担当者に確認してください。運転免許証のコピーが一般的ですが、保険証のコピーなど顔写真のないものは、2種類の提出を求められる場合があります。

・**住民票**

一部の都道府県では、請求者の住民票（原本）の添付を求めています。

・**その他**

祭祀者から請求可能な都道府県もあります。この場合、証明資料として、寺院等の墓を借りている証明や、家庭裁判所への祭祀権の相続の申述を行っている旨を証明する書類を取得する必要があります。

手数料

都道府県によっては軍歴証明書の発行や、軍歴資料の提供を行政サービスの一環として無料で行っている場合もありますが、費用がかかる場合もあります。金額や納付形態も都道府県によって変わりますので、担当者に確認してください。

資料のコピー代であったり、古い資料なので読み起こし代としてであったり、手数料で1枚あたり等により、10円～数百円まで様々です。支払方法は、収入証紙、金額分の切手同封・定額小為替による方法や、納入通知書による場合などがあります。

返信用切手（封筒）

都道府県によっては申請者へ軍歴資料の送付を行政サービスの一環として無料で行って

いる場合もありますが、送料負担の場合もあります。82円切手を貼った返信用封筒が必要な都道府県や、書留で送るので書留郵送料が必要になることもあります。

⑤　都道府県から書類が届くまでの期間は様々です。直接窓口に出向ける場合は2時間程度で交付、申請書が届いた翌日には発送可能な場合もあれば、数日から1週間以内／1～2週間以内／2～3週間以内、兵籍の写しだけであれば1～2週間だが証明なら1か月／1～2か月／2～3か月などといった具合です。もともと行政業務というよりはサービス的な色彩が強く、担当者も他の業務と兼務している場合が多いことを考えると仕方がないことではありますが、なるべく迅速なサービスをお願いしたいところです。特に最近は、請求ばかりでなく概要についての問合せが増え、その対応に時間が割かれているので、発送まで時間がかかっていると説明する役所が増えています。

⑥　陸軍軍人であった方の軍歴の照会先窓口は都道府県なのですが、一部厚生労働省にも資料がある場合があります。陸軍士官名簿や留守名簿、入院患者名簿などあり、都道府県から提供されるすべての軍歴証明資料に加え、厚生労働省の保管資料も請求するとよいでしょう。都道府県より提供される軍歴証明書や履歴書の内容は、資料の有無によりたった数行しかないものもあり、厚生労働省保管資料によりその行間を埋められる可能性があります。

厚生労働省への資料の請求は、都道府県から軍歴資料が届いたあと請求しても、都道府県と同時でも構いません。都道府県によっては厚生労働省へ問い合わせてくれる場合もあります（当然時間かかりますが）。厚生労働省への請求方法については、次項「海軍であった場合」を参照してください。

2-3

軍歴証明の申請（海軍であった場合）

手続きの流れ

旧海軍軍人であった方の軍歴証明請求先は、厚生労働省社会・援護局 業務課調査資料室になります。調査資料室につながると、最初に海軍か陸軍かを聞かれます。その後の請求の流れは以下のようになります。

① 旧海軍軍人の方の場合、厚生労働省への電話では資料の有無は判明しません。申請書を受け付けてから調査となります。担当者に必要書類の確認と申請書の送付を依頼します。

② 申請書が郵送等で届きます。

③ 申請書を記入し添付書類（戸籍等）をつけて、厚生労働省へ送付します。

④ 厚生労働省から「奉職履歴」または「履歴原表」等が届きます。混雑状況にもよりますが数か月かかることもあります。

※陸軍の軍歴資料請求の方には、何か資料があれば写しが届きます。

各手続きの解説

① 都道府県と違い、申請書が届いてから調査となりますので、調査した結果「資料なし」となる場合があります。

大代表に電話 ⇩ 1番プッシュ ⇩ 電話交換で「軍歴証明について」または「調査資料室」と言い、つないでもらってください。⇩ 調査資料室 ⇩ 陸軍か海軍かを聞かれます。陸軍にも船舶部隊があったため、陸海の勘違いはないかなどを確認されます。その後にそれぞれの担当者へつないでくれます。

担当者に請求の目的や請求者との関係等を聞かれます。「軍歴証明の使用目的は、恩給や年金ですか？」等使用目的を尋ねられます。「慰霊のため」「記録保存のため」等、きちんと個人の記録として保管したいと、使用目的を伝えます。厚生労働省の場合、個人の記録用としては軍歴証明書という形で交付されません。調査依頼に対する「回答」として、人事資料の写しが交付されます。詳しくは第3章で解説します。

その他に、旧海軍軍人本人が死亡しているか、存命中か、申請書を送るための連絡先等を確認されます。

陸軍軍人の方で、厚生労働省の保管軍歴資料を請求する場合も、その旨担当者へ伝えます。「都道府県へは請求中です」「都道府県の資料では不足です」など。

※厚生労働省は必要事項が記載され、形式さえあっていれば申請書の様式にはこだわらないので、事前連絡なしでも受け付けています。ただし、必要書類の過不足の観点から、事前連絡したほうがよいでしょう。大まかな混雑具合も確認できます。

② 厚生労働省から申請者のもとへ「個人情報の開示請求手続きについて（ご案内）」と「個人情報開示請求書」が届きます。

「個人情報の開示請求手続きについて（ご案内）」には、手続きの説明と、必要書類、送付先の情報が記載されています。「個人情報開示請求書」が、申請書になります。

③ 届いた「個人情報開示請求書」に必要事項を記載します。

「軍歴証明書がほしいだけなのに、なんとなく申請名が違う」と感じる方も多いかと思われます。過去の記録とはいえ、個人情報でもありますので、個人情報開示請求となります。

個人情報開示請求書

・開示請求者欄

請求者の氏名・生年月日・住所・電話番号・関係続柄を記載してください。

・調査の対象者（事項）欄

氏名…………………旧軍人の氏名を戸籍通りに記載（改姓・改名があればその旨も記載）してください。

生年月日……………旧軍人の生年月日を記載してください。

本籍地または出身地……終戦時の本籍地を記載、わからなければ出身都道府県を記載してください。

履歴の概要…………空欄にわかる範囲で履歴を記載してください（「何年に海兵団へ入団したか」「シベリアに抑留」等）。

在籍区分……………わかっていれば印をつけます。不明なら記載不要です。

退職時の官職………階級等がわかっていれば記載します。不明なら記載不要です。

・調査する事項欄

「厚生労働省が保管する記録に該当がありましたら、すべての資料の提供をお願いします」等と記載してください。

・使用の目的・方法

記録保存のため、慰霊のため等、具体的に記載してください。

・対象者の刑罰、病歴に関する事項が記載されていた場合［開示希望・開示を希望しない］

多くの請求者の方は親等の近い身内の方だと思いますが、重要な個人情報です。また、旧軍人本人の名誉にかかわることですので慎重に選択してください。「軍隊に行く」ということに対し、戦前の人間と、戦後の人間では別の人種かと思われるほど価値観の違いがあります。特に本人が存命で、本人に伝えず軍歴証明書類を取得し、軽い気持ちで刑罰や病歴のある軍歴を本人に見せ「(父よ・祖父よ)あなたから聞いていた話と違うよ」などと言うことは避けるべきでしょう。逆鱗に触れて不和の要因ともなりかねません。

厚生労働省からは、海軍士官であった方は「奉職履歴」、特務士官以下の方は「履歴原表」の写しが交付されます。これは旧海軍時代の人事記録の写しになります。

前項の陸軍であった場合で、厚生労働省保有の軍歴資料がほしい方も同じ「個人情報開示請求書」です。在籍区分の部分は印をつけません。あとは前記の通りです。

調査資料室の海軍の担当者は、除籍の本籍地または出生地から該当者を資料の中から探すそうです。特定できなければ、さらに戸籍を要求することもあるそうです。

陸軍だった方の場合は、都道府県用に昭和20年終戦時の本籍がわかる戸籍をとっているか、正確に本籍地がわかっているでしょうから、本籍地を記載してください。

添付書類

•戸籍

本人が申請する場合は必要ありませんが、本人以外の方が申請する場合、本人とのつながりを証明するために必要になります。現在戸籍・原戸籍・改正原戸籍すべてを取得する必要はありません。例えば、祖父が戦後亡くなっており、孫から祖父の軍歴の請求する場合であれば、祖父の除籍をまず取得、そこに父の名前が記載されていれば、自分の戸籍をとると2通で済みます。父の名前の記載がなければ、父の戸籍も取得する必要が出てきます。父親が存命ならば、父親からの請求にしたほうが簡単です。

遺族関係を確認する戸籍が必要ですので、改姓・改名がある方は、改姓等が確認できる戸籍等も必要となります。

※陸軍の照会の方は、都道府県に提出する戸籍を添付するほうがよいでしょう。

※理由があれば、戸籍はコピーでも受け付けるようです。陸軍の軍歴照会のために都道府県に原本を提出していることを説明してみてください。

・除籍

本人が死亡している場合では厚生労働省は本人の死亡年月日の記載のある除籍等を要求します。まずこれをとります。前記のように孫から祖父の軍歴証明を請求する場合であれば、父の名前の記載を確認し、記載がなければ、さらにさかのぼって戸籍等を取得する必要がでてきます。

・身分証明書

運転免許証または健康保険証のコピー等です。

・住民票

開示請求する日前30日以内の日付の申請者の住民票原本が必要です。

前記の添付書類は後に返却されます。

④ 最近は、問合せや調査依頼が非常に多くなっており、混んでいるので、「奉職履歴」または「履歴原表」等が届くには数か月かかる場合もあるようです。

2-4

軍歴証明の申請（軍属であった場合）

いわゆる軍属という括りには多種多様な種類がありますし、残っている資料も少ないため、すべてについて細かい解説をすることは残念ながら困難です。

そこで、本書では、終戦後の戦傷病者戦没者遺族等援護法でいうで「軍属」・「準軍属」と、同法では「軍人」に含まれる「一部の文官」までを広い意味での軍属として解説していきます。一般邦人としてソ連軍に連行され強制労働に従事させられた方などは、厳密な「軍歴証明」（召集から除隊までの任免、配属、賞罰、傷病、その他進級や昇給等の処遇について記録した文書）請求の定義の範疇から若干外れるかもしれませんが、厚生労働省から資料の提供が受けられます。

軍人が「軍人：中尉・二等兵等、階級を持つ者」と「準軍人：海軍兵学校生徒・陸軍幼年学校等、軍直轄学校の学生生徒」に分かれるように、軍属も「軍属」と「準軍属」に分かれます。「軍人」「準軍人」「軍属」「準軍属」の区分については、92ページをご覧ください。

なお、一般的には軍を構成する者のうち軍人以外を総称して「軍属等」と呼称しますが、請求先によっては陸海軍所属の文官、従軍文官を「軍人」にカテゴリーしている場合がありますし、当時の区分上、多くの工員は軍属には含まれないとする資料もあり、その定義は定かではありません。

軍属とは、おおざっぱに「軍に所属する軍人以外の者」というのがわかりやすい表現かと思います。

軍内においては、その地位の高い順に「将校・下士官・兵・軍馬・軍犬・伝書鳩・軍属」とされていたことから考えると、軍属はかなり軍の中での立場が弱かったようです。

軍属の資料の保有は極端に少ないようです。都道府県に問い合わせてみても「軍属の資料はほとんどありません」との回答が多くなります。まれに「満州開拓団や動員学徒の名簿」を保有している県もあるようです。

軍属資料の請求先

Aパターン：旧陸軍軍属であった方の軍歴証明請求先は、基本的には昭和20年終戦時に本籍のあった都道府県になります。

Bパターン：旧陸軍軍属の中でも「高等文官、従軍文官、造兵廠等所属の雇傭人・工員」については、厚生労働省になります。

Cパターン：旧海軍軍属であった方の軍歴証明請求先は、厚生労働省になります。

都道府県か厚生省か請求先の判断がつかない場合は、まず昭和20年終戦時に本籍のあった都道府県に相談しましょう。

もともと、軍属関係の資料が極端に少ない上、都道府県の担当者も軍属の軍歴請求については「請求が少ない」との理由から調査実績が少なく、あいまいな回答もあるので、正しい答えがもらえるかは微妙です。

軍属の資料は、「空襲で死亡した地の都道府県」であったり「軍需工場があった都道府県」にあるとの担当者の話もありました。また、動員学徒であれば学校に資料が残っている可能性もあるとの話を聞いたこともあります。この資料の取り寄せについては本書の範囲を超えますが、本籍地の都道府県及び厚生労働省にも資料がなければ、前記の死亡した場所や工場の場所の都道府県に相談するのも一つの方法です。

Aパターンの請求の流れ

旧陸軍軍属の方（高等文官、従軍文官、造兵廠等所属の雇傭人・工員除く）については都道府県によって多少の違いはありますが、本章2-2「陸軍であった場合」と同じく、請求の流れは以下のようになります。

各都道府県の多くは福祉部門が窓口となっています（201ページ、窓口一覧を参照）。

① 旧陸軍軍属の終戦時の本籍地である都道府県へ電話し、軍属本人の名前・生年月日・

本籍を伝えます。

② 都道府県から連絡があり（通常数日、電子化が進んでいるところは即時）、資料の有無が判明します。

③ 申請書を入手します（都道府県のＨＰからダウンロードかＦＡＸ、メール添付、郵送等）。

④ 申請書と添付書類（戸籍等）、必要なら費用・返信用封筒を都道府県へ送付します。

⑤ 都道府県から資料等が届きます。（翌日発送や2～3カ月かかる県もあります）

⑥ 軍属関係の都道府県保管資料は少ないので、該当がない可能性があります。厚生労働省も一部ですが軍属関係資料があるので、都道府県から②の返事「資料がない、少ない」、⑤の資料が少しだけ届いた等の後、厚生労働省へ請求し調べてもらうことは可能です（請求の方法は、以下海軍の場合を参照してください）。それでも該当がなければ、死亡地や工場の所在地で相談することとなります。

Ａパターンの各手続きの解説（基本的には軍人の軍歴証明請求と同様）

① 本籍地等がわからない段階で、現在住んでいるまたは出身地であろう都道府県の担当部署へ電話して、先に必要書類等を聞いた場合、担当者は自都道府県の必要書類等についてはきちんと教えてくれます。しかしながら都道府県によって必要書類等に差があるため「他都道府県では、それぞれ独自の申請書様式を使っている上、必要書類がどこまでか違いがありますので、まずは終戦時の本籍地の都道府県に尋ねる」ようアドバイス

されます。

市区町村の戸籍担当へ相談し、旧軍属本人の終戦時の本籍地の記載ある戸籍を入手してください。本人以外の請求の場合、軍歴請求の際に請求者とのつながりが読みとれる戸籍が必要になるので、併せて入手してください。

本籍地が判明したら、その都道府県の担当部署（201ページ、窓口一覧を参照）へ電話し、請求の目的や請求者との関係等を説明してください。旧軍属の「名前・生年月日・本籍地」については正確な情報がないと、どうしても、担当者も該当資料を探すのに時間がかかります。

担当者から「軍歴証明の使用目的は、恩給や年金ですか？」等と使用目的を尋ねられますので、「慰霊のため」「記録保存のため」等、きちんと個人の記録として保管したいと、使用目的を伝えてください。

また、「本人が請求されない理由」を尋ねられます。戦死や戦後本人が亡くなっているのでしたら、その旨を伝え、死亡している証明が必要かどうかを聞いてください。戦後に死亡した場合は除籍が必要な都道府県もあります。存命の場合、「本人が高齢のために代わって請求します」等の説明をしてください。

多くの都道府県は、ここで請求者の連絡先を聞き、後日に連絡回答となります。

② 都道府県から連絡があり、資料の有無がわかります。資料が都道府県にある場合は、申請書入手へと進みます。

※本籍地の都道府県に資料がない場合もあります（第1章1-2の説明参照、失われた可能性）。都道府県によっては厚生労働省に問合せしてくれる場合もあります。

③　申請書は都道府県のホームページからのダウンロードや、都道府県からのＦＡＸ、メール添付、郵送等により取得します。軍属でも軍人でも申請書は同じです。

④　入手した申請書に必要事項を記載してください。必要な記載事項は軍人の場合と基本的に同様です。本章2-1の各項目を間違えないように記載します。

申請書

・**申請者欄**

申請者の名前・住所・連絡先を記載してください。押印が必要でしたら、認印でかまわない場合がほとんどです。

・**軍属等氏名**

旧軍属の氏名を戸籍通りに記載（改姓・改名があればその旨も記載）してください。

・**終戦時身分・階級**

陸軍雇員、軍属船員等、わかる範囲で記載してください。わからなければ未記入で結構です。

・**生年月日**

旧軍属の生年月日を記載してください。

・**終戦当時の本籍地**

戸籍謄本の右にある旧軍属の本籍地を記載してください。

・**用途・目的**

慰霊のため、記録保存のため、回顧録作成のため等、請求目的を記載してください。

・**交付文書等の内容**

軍歴証明、戦没地がわかる資料、〇〇（氏名）の記載ある軍歴資料すべて等と記載してください。

・**旧軍人軍属等との続柄・〇親等、本人等**

この他にも、旧軍人・軍属期間の履歴内容や、軍人恩給受給の有無（恩給証書番号）等の欄もありますが、わかる範囲で記載してください。また、「（A船）陸軍徴用船乗組」や「飛行場設定隊にいた」「シベリアに抑留されていた」など、知っている情報を記載するようにしてください。申請者の保有資料の提供を求められる場合もあります。

〈参考〉　戦時中船舶の運航体系は3種類あり、陸軍徴用船（A船）、海軍徴用船（B船）、船舶運営会管理の民需用（C船）と区分されていました。

また、旧軍属の資料には刑罰や病歴等に関する記載がある場合があります。この資料の提供を希望するか、しないかの選択がある都道府県もあります。多くの請求者の方は親等との近い身内の方だと思いますが、個人情報であり、また、旧軍属本人の名誉にかかわることですので慎重に選択してください。

都道府県により、軍歴証明書や履歴書といった形（詳細は次章）で提供する場合と、保有している資料をそのままコピーして提供する場合、またはどちらかのみの提供や、こちらで選択する必要がある場合など様々です。軍歴証明書や履歴書といったもの以外の資料を、提供されるか担当者に確認してください。申請書には、「保管軍歴資料をすべて交付してください」等と記載（付箋紙でも可）してください。

添付書類

・**戸籍**

本人が申請する場合は必要ありませんが、本人以外の方が申請する場合、本人とのつながりを証明するために必要になります。また、改姓・改名がある方は、改姓等が確認できる戸籍も必要となります。終戦時の本籍地が正確にわかっていれば、つながりを証明できればよいので、必要な戸籍については、「終戦時の本籍地の記載ある戸籍が必要か？ただつながりが証明できればよいのか？」を都道府県の担当者によく確認してください。

・**除籍**

死亡の確認できる除籍が必要かを確認してください。

・身分証明書

申請者の身分を証明するものとして、同封します。

・住民票

一部の都道府県では、請求者の住民票原本の添付を求めています。

⑤ 都道府県から書類が届くまでの期間は様々です。

⑥ 陸軍軍属であった方の軍歴の照会先窓口は都道府県なのですが、一部厚生労働省にも資料がある場合があります。都道府県から提供されるすべての軍歴証明資料に加え、厚生労働省の保管資料も請求してみてください。厚生労働省への請求の方法については、以下、海軍軍属の場合を参照してください。

Bパターン、Cパターンの請求の流れ

旧陸軍軍属の中でも「高等文官、従軍文官、造兵廠等所属の雇傭人・工員」と、旧海軍軍属であった方の軍歴証明請求先は、本章2-3「海軍であった場合」と同じく、厚生労働省社会・援護局 業務課調査資料室になります（陸軍担当・海軍担当があります）。

① Bパターン　Cパターンの方の場合、厚生労働省への電話では資料の有無は判明しません。申請書を受け付けてから調査となります。担当者に電話し、必要書類の確認と申

請書の送付を依頼します。

② 申請書が郵送で届きます。

③ 申請書と添付書類（戸籍等）、を厚生労働省へ送付してください。

④ 厚生労働省から返事が届きます。

Bパターン、Cパターンの各手続きの解説

① 都道府県と違い、申請書が届いてから調査となりますので、調査した結果、「資料なし」となる場合があります。

担当者に請求の目的や請求者との関係等を聞かれます。軍人と同様「慰霊のため」「記録保存のため」等、きちんと個人の記録として保管したいと、使用目的を伝えてください。

判明している情報を伝えます。「陸軍造兵廠○○工廠の工員でした」「○○海軍工廠にいました」などです。

厚生労働省の場合、個人の記録用としては軍歴証明書という形で交付されません。調査依頼に対する「回答」として、人事資料の写しが交付されます。詳しくは第3章で解説します。

その他に、軍属本人の死亡存命や（本人申請のほうが添付資料は少なくて済む）、申請書を送るための連絡先等を確認されます。

前述のAパターンで、都道府県請求中またはさらに厚生労働省へ資料を請求する場

合、つまり陸軍軍属の方で厚生労働省の保管軍歴資料を請求する場合も、「都道府県へは請求中です」「都道府県の資料では不足です」など、その旨担当者へ伝えます。

② 厚生労働省から申請者のもとへ「個人情報の開示請求手続きについて（ご案内）」と「個人情報開示請求書」が届きます。「個人情報の開示請求手続きについて（ご案内）」には、手続きの説明と、必要書類、送付先の情報が記載されています。「個人情報開示請求書」が、申請書になります。

③ 「個人情報開示請求書」に必要事項を記載します。

個人情報開示請求書

・開示請求者欄

請求者の氏名・生年月日・住所・電話番号・関係続柄を記載してください。

・調査の対象者（事項）欄

氏名……………旧軍属の氏名を戸籍通りに記載してください（改姓・改名があればその旨も記載）。

生年月日………旧軍属の生年月日を記載してください。

本籍地または出身地……終戦時の本籍地を記載、わからなければ出身都道府県を記載してください。

履歴の概要………空欄にわかる範囲で履歴を記載してください。「昭和○年まで○○工廠にいた」等。

在籍区分……………わかっていれば印をつけてください。陸軍や不明ならそのまま。

退職時の官職………わかっていれば記載してください。通訳官、技手等、不明ならそのまま。

・調査する事項欄

「厚生労働省が保管する記録に該当がありましたら、すべての提供をお願いします」等と記載してください。

・使用の目的・方法

記録保存のため、慰霊のため等、具体的に記載してください。

・対象者の刑罰、病歴に関する事項が記載されていた場合〔開示希望・開示を希望しない〕

多くの請求者の方は親等の近い身内の方だと思いますが、個人情報であり、また、旧軍属本人の名誉にかかわることですので慎重に選択してください。

厚生労働省からは、人事記録の写しが交付されます。

前項の陸軍であった場合で、厚生労働省保有の軍歴資料がほしい方も同じ「個人情報開示請求書」です。

調査資料室の海軍の担当者は、除籍の本籍地または出生地から該当者を資料の中から探すそうです。特定できなければ、さらに戸籍を要求するとのことです。陸軍だった方の場合は、都道府県用に昭和20年終戦時の本籍がわかる戸籍をとっているか、正確に本籍地がわかっているでしょうから、本籍地を記載します。

添付書類について

・戸籍

本人が申請する場合は必要ありませんが、本人以外の方が申請する場合、本人とのつながりを証明するために必要になります。現在戸籍・原戸籍・改正原戸籍すべてを取得する必要はありません。

遺族関係を確認する戸籍が必要ですので、改姓・改名がある方は、改姓等が確認できる戸籍も必要です

・除籍

厚生労働省の場合、死亡が確認できる除籍が必要になります。

・身分証明書

運転免許証または健康保険証等のコピー

・住民票

開示請求する日前30日以内に作成された申請者の住民票（原本）

資料がない原因例

当時は漁船も含む民間船を、事前の通告もなしに乗組員ごと徴用することが多かったようです。この徴用は運航中にも行われ、乗船中の乗組員たちはいきなり戦線に赴くことになり、また、家族と強制的に引き離された形となりました。このような船の乗組員も軍属に該当しますが、実際にどこに行って何の仕事をしたのか不明なケースが多く資料もほとんど残っていないようです。

コラム　軍隊の私的制裁

陸軍でも海軍でも、下級兵に対する制裁が行われていました。「殴れば強い兵ができるから」といった話も聞きますが、実際は営内や艦内の集団生活による、上級者から下級者に対するストレス発散であったのでしょう。「土木作業等を行う工兵は奥歯がなくなって一人前」（大円匙［大きなシャベル］で殴られるため）等の恐ろしい話もあります。

何度も禁止令が出されましたが、守られることはあまりありませんでした。内容は、例えば次のようなものです。

対抗ビンタ……下級兵を二列に向かい合わせ、向かい合った者同士で交互にビンタをさせる。

鶯の谷渡り……横に並んだ数台のベッドの上を続けて越えさせた後、ベッドの下をくぐって戻らせるといったことを延々とさせる。

蝉…………柱につかまらせて蝉の鳴き声のまねをさせる。

自転車伝令……机と机に手をつかせ、足を浮かせた状態で自転車を漕ぐ動作をさせる。

三八式歩兵銃殿（どの）……歩兵銃の格納方法を間違えた者に、歩兵銃へ向けた謝罪口上を言わせつつ、重い歩兵銃を持ったまま敬礼体制を続けさせる。

バッター……海軍で行われた制裁で、精神注入棒（六角棒）等で突き出した尻を殴打する。

これらは個人の戦記等によく出てきます。逆に下級兵も上級兵の食事にフケを混ぜて食べさせたり、戦争が終わり、復員船で帰国する途中に復讐したりした者もいたようです。

第3章

軍歴証明の見方

3－1

軍歴証明の見方の基本

第2章で説明した申請方法により、実際に軍歴証明請求に挑戦していただくと、厚生労働省・都道府県から軍歴証明そのものや軍歴資料が届くか、または資料がない等の回答があります。

この章では軍歴資料のなかでも、交付される確率が高いもの、陸軍の方ですと「軍歴証明書（履歴書）」と「兵籍」、海軍の方は「履歴原表（奉職履歴）」と厚生労働省からのサービス品「部隊略歴」について解説をします。

軍属の方についての軍歴資料は、筆者の事務所にも図書館等にも資料はほとんどないので、若干の都道府県から「兵籍に似たものが交付されると思う」と言われた内容の説明と、本来なら第4章で解説する各種資料のうちから、海軍工廠の工員の資料を解説します。

「軍歴証明書」や「履歴書」といった、戦後調製された形で交付されるものは、氏名、生年月日、官職、叙位叙勲、召集時期、配属、任官、進級、賞罰、召集解除時期など（どこまで記載されるか、まちまち）が、縦書きまたは横書きで記載されています。当然、資料の有無によりその記載が複数枚にわたる場合や、ほんの数行である場合もあります。

▼詳しくは、第3章3-2、3-3、3-4を参照してください。

陸軍の場合は「兵籍」の写しまたは「兵籍簿」の写し、海軍の場合は「奉職履歴」「履歴原表」の写しが交付されます。これは軍の人事記録の写しで、記載内容は前記に加え、兵種や本籍などの記載もあります。

▼詳しくは、第3章3-2、3-3、3-4を参照してください。

○○名簿の写しや、身上申告書、臨時軍人・軍属届、事実証明書などが交付される場合もあります。これらは、いつ（戦中・戦後）、誰がどこで（軍・各復員庁・上官など）調製・提出・作成したものかを考慮する必要があります。人事関係の資料ではあるものの、○○名簿に記載された各個人情報の無機質なものから、事実証明書のように、人事結果に対し、そうなるに至った細かい経過が記載されるものまで様々あります。

▼詳しくは、第4章を参照してください。

また、厚生労働省に証明請求をしますと、参考資料として部隊略歴を別途交付される場合があります。これは部隊の動きを別途調べる際に、大変ありがたいサービスなのです。ただ、交付される資料に記載される「※部隊略歴は部隊主力の記録であり、部隊主力と離れて部隊の一部が分遣された場合など、個人の行動と必ず一致するものではないことを、申し添えます。」との注意書きが示す通り、対象者の行動と一致するとは限りません。

ソ連抑留者であった方の資料には、ロシア連邦全体図が参考資料として交付される場合があります。

3-2
陸軍の場合

都道府県により交付される、陸軍の方の場合の軍歴証明書の見方を解説します。都道府県により、または資料の残り具合により、どのような形で交付されるかはまちまちですが、交付される可能性の高いものとして、「軍歴証明書」または「履歴書」と「兵籍（簿）」の写しを例として解説します。それぞれ例①②と例③を参照してください。

これは、例①「軍歴証明書」と例②「履歴書」であれば、請求により、過去の資料から都道府県の担当者が過去の資料を読み起こして、ワープロ打ちにして交付されるものです。都道府県によっては公印を押して交付される場合もあります。記載内容としては、氏名、官職、叙位叙勲、召集時期、出航した港、配属、任官、進級、従軍記録、賞罰、傷病と治癒に関する記録、召集解除時期等ですが、当然すべて記載があるわけではなく、資料の有無により、たった数行の場合（例②）もありますので、軍歴をさらに明らかにするためには他の資料で情報の行間を埋めることも考慮しましょう。

また、珍しい例として「いつ作られたのかわからない履歴書」が交付されることがあります。交付された履歴書はマイクロフィルムから写されたもので、手書きの文字が読みとれないほど薄く、県の担当者によると「おそらく恩給請求用か何かのために、県の担当者が作成したか、軍人の家族が県の担当者の指導のもと作成したのではないか。はっきりとはわからない」とのことで、記載内容は他に交付された軍歴資料と合っていますが、作成意図・作成時期がはっきりとはわからないものです。

例③「兵籍（簿）」の写しは、過去の資料をそのままコピーしたものが交付されます。どちらか、または両方が交付されるかわかりません。

例① 軍歴証明書……資料が残っている方

階級や氏名、部隊名や移動の記載は見た通り（72ページ）なのですが、一等兵から上等兵への進級が同月です。これは戦病死したため進級したようです。

この方の場合、細かく記載のある方ですが、さらに都道府県、厚生労働省の保管資料のすべてを請求したので、行間の情報を多少補完できました。事実証明書や入院患者名簿がその例です。詳しくは「第4章　資料の見方」で解説します。

請求前の情報として、この方の場合、「戸籍」に以下の記載がありました。

「昭和弐拾年弐月弐拾壱日時刻不詳

中華民國湖北省夏口懸漢口第一陸軍病院ニ於テ死亡」

軍歴証明書					
退職時の階級・官職名 陸軍上等兵				氏名 ○○　○○ 大正 ○○ 年 ○○ 月 ○○ 日生	
年	月	日	任官・進級・昇級	記事	官公署名
昭19	10	6		戦車第三連隊要員現役兵として門司集合	
〃	〃	〃	二等兵		
〃	〃	9		門司出港	
〃	〃	〃		釜山上陸	
〃	〃	11		朝満国境通過	
〃	〃	12		山海関通過	
〃	〃	21		河南省葉県戦車第三師団捜索隊教育隊編入	
〃	12	15		教育終了原隊復帰のため出発	
20	1	2		河南省信陽に於て作戦行動中肺結核に罹病	
〃	〃	6		河北省漢口第一陸軍病院に入院	
〃	2	11	一等兵		
〃	〃	21	上等兵		
〃	〃	〃		漢口第一陸軍病院に於て肺結核に依り戦病死	
上記のとおりです。 平成 ○○ 年 ○ 月 ○○ 日 ○○県福祉保健部○○課援護班					

このような場合は、第1章1-7の所属が陸軍か海軍かわからないときの手掛かりを見直してください。この例①の方の場合、大陸の内部にいたことにより、陸軍に所属していた可能性が大きいということです。

履　歴　書					
退職時の階級・官職名 陸　軍　伍　長			氏名 ○　○　　○　○ 大正　○○　年　○○　月　○○　日　生		
年	月	日	任官・進級・昇級	記　　　事	官公署名
昭18	12	20	二　等　兵	現役兵として歩兵第78聯隊補充隊	
19	2	7		歩兵第106連隊に転属（ビルマ）	
22	8	31		宇品上陸	
〃	9	31		召集解除	
				「以下余白」	
上　記　の　と　お　り　で　す　。 平成　○○　年　○　月　○○　日 ○○県福祉保健部○○課援護班					

例②　履歴書……資料が少ない方

階級や氏名、部隊名や移動の記載は例①と変わりませんが、記載が少ない上、注意が必要な部分があります。いくつかを次に挙げます。

・題名は「履歴書」として交付。
・「聯」は「連」の旧字体で表記された例です。例①の連と同意で、部隊はどちらも連隊。
・進級について何も書かれていないが、これは資料不足のため。では、退職時の階級・官職名に記載の「伍長」の階級はといえば、いわゆるポツダム進級によるものであり、戦中の上等兵までの進級は判明しない。
・県の担当者のサービスで、転属先の部隊の場所が記載されているが、注意が必要。これはビルマにいる第１０６連隊に移動したように読めるが、実際は転属後、部隊と共に移動したと他資料から判明した。
・以下余白とある通り、県保有資料の不足により戦中の動きはまったく書かれていない。兵籍も残っていない。厚労省へ資料請求すべき事例といえる。

この方の場合、記載が少ないため、都道府県、厚生労働省の保管資料のすべてを請求したので、履歴の行間の情報を多少補完することができました。そうした臨時軍人届や乗船者名簿等の資料については、第4章で詳しく解説します。

厚生労働省・都道府県保管資料の少なさゆえ、一般書籍の部隊史等により行間を補完した結果、歩兵第１０６連隊は、海軍の戦艦「大和」「武蔵」により南方へ輸送されたことが判明しています。陸軍の軍人が最高軍事機密の艦に乗艦したという極めて稀な例のようです。

厚生労働省・都道府県保管資料からさらに一歩前進して、他の資料を探すべき例です。詳しくは第5章を参照してください。

例③　兵籍（簿）……当時の人事資料である兵籍のコピーが交付された場合

名称は、資料により「兵籍」であったり「兵籍簿」であったりします。

個人の記録用の軍歴証明書の発行はしない県でも、この兵籍（簿）が残っていれば交付されるようです。旧仮名遣いで書かれているので、解読するのに大変苦労します（前記の軍歴証明書はこれを元に作られる場合が多い）。

軍歴証明書を作る際に、この兵籍（簿）の読み起こし手数料代として手数料を徴収する都道府県もあります。また、終戦時に焼かれたりして失われた兵籍（簿）も多く、その場合は、兵籍（簿）写しは交付されませんし、軍歴証明書を作る際は、別の資料から情報を抜き出して作られるようです。

76ページに陸軍兵籍を記載していますが、これは右半分のみを記載しています。

左半分は「履歴」として、例①②の記事にあたる部分が旧仮名遣いで時系列にそって記載されています。記載内容は人により差があります。

陸軍兵籍

兵種：歩兵

出身別：現役志願兵

適任證書：

本籍族稱：○○縣○○郡○○村○○大字○番地

氏名：戸主○○○○四男 ○○○○ 大正○○年○月○日生

服役區分
- 現役：昭和○○年○月○日
- 豫備役：
- 後備役：
- 第補充兵役：
- 國民兵役：
- 退役：
- 免除：

備考：

位階：

勲等功級：昭和○○、○、○（○○○○）旭八等

特業及特有ノ技能：昭和○○年○月○日軽機関銃手

官等級
- 昭和○○、○、○歩兵二等兵
- 昭和○○、○、○歩兵一等兵
- 昭和○○、○、○歩兵上等兵
- 昭和○○、○、○歩兵伍長
- 昭和○○、○、○歩兵軍曹
- 同○○、○、○陸軍軍曹
- 「勅令第五百八十號ニ依リ」
- 昭和○○、○、○陸軍曹長
- 同○○、○、○准尉

賞典
- 昭和○○年○月○日軽機関銃下士官射撃徽章附與 ○ 昭和○○年○月○日軽機関銃下士官剣術徽章附與
- 昭和○○年○月○日支那事変従軍記章附與 ○

刑罰：

死亡：

妻：昭和○○年○月○日 ○○の四女 ○○

子：

父：○○

母：○○

祖父：

祖母：

兄弟姉妹孫
- 兄 ○○ 大正○○年○月○日生
- 兄 ○○ 大正○○年○月○日生
- 兄 ○○ 大正○○年○月○日生
- 妹 ○○ 昭和○○年○月○日生

各項目の解説

・**兵種**

特技によって分類された兵の区分、歩兵科・騎兵科・砲兵科・輜重兵（しちょうへい）科などの兵科部の下に兵種（歩兵・戦車兵・鉄道兵・船舶兵等）が分類されていました。

・**適任證（証）書**

陸軍の優秀な上等兵（伍長勤務上等兵）等に与えられました。

・**本籍族稱（称）**

本籍と明治になってつけられた身分の名称（華族・士族・平民）。

・**出身別**

志願と徴兵があります。

・**服役區（区）分**

現役・豫（予）備役・後備役など、兵役法で分けられた区分。

・**位階**

国の制度に基づく個人の序列の標示で、位階は正一位から従八位までの16階とされていました。

・**勳等功級**

勲等…勲功に対して授与されたもの。

功級…金鵄（きんし）勲章に付随して、叙せられた軍人の功績を示す等級。

・**特業及特有ノ技能**
特殊な技能　蹄鉄工や運転手など様々。

・**官等級**
官吏の等級のこと。階級。昭和15年に歩兵・騎兵・砲兵・工兵・輜重兵・航空兵の6兵科を「兵科」に統合したので、官等級の同じ階級である軍曹が並んでいる部分については、「歩兵軍曹」が「陸軍軍曹」へと「勅令第五百八十号ニ依リ」（これが昭和15年の兵科区分廃止を指しています）変わっています。

3-3

海軍の場合

厚生労働省により、交付される「履歴原表（奉職履歴）」（参考：履歴原表は下士官・兵の人事記録　奉職履歴は士官の人事記録）の見方を解説します。あわせて、陸軍の方の請求の際に交付されたものしか筆者の手元に資料はないのですが、「部隊略歴」を例として記載します。それぞれ例④と⑤です。

「履歴原表（奉職履歴）」は旧海軍の人事記録そのままで、その写しが交付されます。陸軍の人事記録よりは残っているようですが、詳細は不明です。記載内容としては、氏名、官職、叙位叙勲、乗組艦船、配属、任官、進級、賞罰、傷病と治癒に関する記録等です。陸軍の方の「兵籍（簿）」より、海軍の「履歴原表（奉職履歴）」のほうが解読しやすいです。陸軍の「兵籍（簿）」の左半分に書かれている履歴は、人によっては達筆で書かれていたり、大陸に派遣されていた方の記録だと地名（特に村名など）で読めない漢字が出てきます。県の担当者曰く、「漢字を崩してあると、習字の先生じゃないと判読できないものがある」とのことです。

「履歴原表（奉職履歴）」は、陸軍の「兵籍」に相当します。下士官・兵がいずれの鎮守府に属するかは、本人の本籍地を管轄する鎮守府に決まっていましたが、例外として、志願によって入籍するものは志願したときの地を管轄する鎮守府に在籍しました。

海軍は志願兵の割合が多いようです。兵役には志願と徴兵があります。ただし、「6年以上の懲役、禁固の刑を受けた者は、兵役につくことはできない」と兵役法に規定されていました。

兵役期間については、年代によって変わりますが、一般的な現役期間は、陸軍2年・海軍3年です。1年間の幹部候補生（甲乙種制）制度もありました。

81ページの履歴は、各鎮守府保管の下士官・兵用の人事記録である「履歴原表」です。なお、明治時代生まれ頃の古い人のものだと、縦書き様式（右から左へ時系列に書かれる）です。

兵科や兵種

旧軍では何かと直接戦闘を行う「兵科」が優先されており、陸軍だと補給を担当する輜重兵などは「輜重輸卒が兵隊ならば、蝶々とんぼも鳥のうち」と軽侮されていたようです。

また海軍には、悪名高い「軍令承行令」（指揮の継承順の決まり）があり部隊指揮権は兵科将校、機関科将校、兵科予備士官、機関科予備士官…（中略）…主計将校…の順であり、各兵科・現役、予備役の違いにより上級者が下級者に従わねばならない事態が起ることもあったようです。

例④ 履歴原表

次ページに掲載します。

各項目の解説

・**入籍番號**

「横」は横須賀鎮守府、「志」は志願兵、「水」は水兵。

・**兵種**

水兵以外にも、機関・航空・主計等があります。

・**所管**

鎮守府のこと。横須賀、呉、佐世保、舞鶴にありました。

入籍 番號	横 志 水 第○○○○○ 號	兵種	水 兵	所管	横須賀鎮守府
	横 徴 第 號				

氏名	○ ○ ○ ○	入籍時	學力	中四修	服役年期	○○ （入籍時）5ケ年
	大正 ○ ○ ○		職業	農		
本籍地 及族稱	○○縣○○郡○○村○○番	相貌 特徴			離現役時被服寸法	
寄留地		特技章		普砲術	帽	服	靴

家族								
	戸主	○○						
	祖母	○○						
	母	○○						
	妹	○○						

年	月 日	所 轄	記 事	従軍年加算数
昭和 ○	○ ○	横須賀海兵團	入團海軍四等 水兵 ヲ命ス	
○	○ ○		海軍三等 水兵 ヲ命ス	
○	○ ○	汐 風		
○	○ ○		海軍二等 水兵 ヲ命ス	
○	○ ○	砲術学校	第○○期普通科砲術練習生	
○	○ ○		卒 業	
○	○ ○	帆 風		
○	○ ○		海軍一等 水兵 ヲ命ス	
○	○ ○		普通善行章一線付與	
○	○ ○		第二種症ニヨリ横須賀海軍病院ニ入院赤痢疑似	
○	○ ○		全治退院	
○	○ ○	横須賀海兵團		
			中 略	
○	○ ○		退 團	
			中 略	
○	○ ○		充員召集ヲ令セラレ横須賀海兵團ニ入團	
			中 略	
20	8 25		召集解除	

※履歴原表は、一部内容を変更してあります。

・學力

学力のこと。中四修とあるので、旧制中学4年修了と思われます。

・服役年期

志願は5年、徴兵は3年。

・特技章

各術科学校を卒業すると、特技章が付与され「マーク持ち（特修兵）」と呼ばれ進級に差がつきます。術科学校には水雷・通信・航海・工機・潜水学校などがあります。

・汐風、帆風

駆逐艦の名称。日本海軍では、艦首に「菊花紋章」がある艦のみが狭義の軍艦であるので、駆逐艦は狭義の「軍艦」には含まれません。その他の艦艇に分類されます。

・記事

海軍はこの場所に階級の記載があります。四等、三等水兵とありますが決して陸軍の二等兵より下の階級というわけではありません。後に陸軍と同じ「兵」の区分になります。

海軍……一等・二等・三等・四等

陸軍……兵長・上等・一等・二等

と区分されていました。旧海軍軍人に対して「陸軍より下か」などと言うとトラブルの元。なお、記事のなかの「充員召集」とは、いわゆる「赤紙」で召集されること。

例⑤　部隊略歴

次ページに掲げた「部隊略歴」は、シベリアに抑留された方の軍歴資料請求申請の際に

第六二兵站警備隊略歴

通称号　強第七〇二五部隊

年	月	日	摘要
昭16	7	18	留守第六師団特演第　号により編成下令
	8	5	鹿児島西部第一八部隊において編成完結 編成 警備隊本部 歩兵中隊　四 機関銃中隊　一 歩兵砲中隊　一
	8	21	鹿児島県出発
	8	30	哈爾浜着、同日より同地付近の警備
中略			
昭20	1	20	第三中隊は、鉄嶺建設部隊警備のため、同地に分遣
	6		第二中隊は、奉天の原駐とん地に復帰
	7	10	軍令陸甲第一〇六号により、第六二兵站警備隊復帰下命・関東軍第一特別警備隊編成下令
中略			
昭20	8	13	第六二兵站警備隊復帰完結、関東軍第一特別警備隊（第三、第四、第九各大隊に編入） 部隊長　初代　少佐　〇〇　〇〇 二代　大佐　〇〇　〇〇

交付されたものです。「部隊略歴」は昭和16年7月18日から始まり、昭和20年8月13日で終わっていますが、この後、ソ連に連行され数年に亘るシベリア抑留が始まります。それはこの方の軍在籍期間（昭和20年1月31日入隊）よりはるかに長いものとなり、その資料は第4章で紹介します。この部分は厚生労働省の資料なので本項に記載しましたが、内容は陸軍のものです。

記載内容の解説

・留守第六師団特演

昭和16年7月18日の〝特演〟は、「関東軍特種演習」に関するものであると思われます。関特演は、独ソ戦開始に伴う対ソ作戦準備という側面を持っていました。

・通称号

部隊名の〝強第七〇二五部隊〟や〝西部第一八部隊〟とは「通称号」です。〝強〟や〝西部〟は「兵団文字付」、数字部分が「通称番号」で、あわせて「通称号」と呼びます。郵便を送る際の差出人や宛先に記されました。

・編成

部隊規模が実質大隊程度なので初代部隊長が少佐と思われます。

・哈爾浜

現在の黒竜江省ハルピン市。

・奉天

現在の遼寧省瀋陽市。

・軍令陸甲第一〇六号

陸軍では軍令の重要度によって「軍令陸甲第○号」、「軍令陸乙第○号」の2種類がありました。

参考

厚生労働省では、旧陸海軍から引き継がれた人事関係資料やロシア等から提供された抑留中死亡者名簿等を整理保管していることから、次の業務を行っています。

(1) 未帰還者（終戦前から外地に残留している邦人）の消息調査
(2) 抑留中死亡者名簿等の記載事項のお知らせ
(3) 軍歴や引揚記録の問合せに対する情報提供

3-4

軍属の場合

厚生労働省及び都道府県から交付される軍属の軍歴証明資料は、あまりありません。都道府県によっては、「兵籍（簿）」のような形で残っているので、それをそのままコピーしたものが交付されることもあります。

軍属の種類によって交付されるものが変わりますが、文官などで資料が残っている場合は「軍歴証明書」の形で交付されるようです。

また、県の担当者の話として「戦時中、軍にひっぱられて制服を着せられて軍務に服したという方のなかには、自分が文官扱いなのか軍属扱いなのかわかってない方がいる。満鉄職員とかだと文官扱いだったりする場合がある」と聞いたことがあります。

厚生労働省から交付された海軍軍属工員としての履歴が手元にありますので、それを例⑥とします。あわせて、陸軍軍属区分、海軍軍属区分の一覧と、軍属・準軍属の区別を掲載します。

例⑥　海軍軍属

軍属（工員）の軍歴証明は、ご覧の通り、たったこれだけです。

この回答をもらった後、その他の厚生労働省保管資料を請求しましたので、それについては第4章で紹介しますが、それについても記載は少ししかありません。

これ以上を調べようとすると、名簿か何かが残っていないかを、佐世保海軍工廠のあった長崎県に問い合わせるか、戦後に海軍工廠の施設の3分の2を引き継いだ「佐世保船舶工業（現・佐世保重工業株式会社）」に問い合わせるくらいしか方法はありませんが、回答を得られる可能性は低いでしょう。

○○　○○様　　　　　　　　　　　　　　　　　　　　　　平成○○年○○月○○日

厚生労働省社会・援護局
業務課調査資料室

旧海軍の履歴について（回答）

ご依頼のありました○○　○様の海軍軍属の期間については下記のとおりです。

記

氏　名：○○　○
履　歴：昭和１６年９月１０日　　佐世保海軍工廠造機部工員に採用
　　　　昭和１８年８月３１日　　依願解傭

陸軍軍属区分

（恩給法上の公務員）

恩給法の用語	旧軍属			旧軍人以外の公務員
説明	昭和21年勅令第68号により旧軍人と同じに廃止された公務員			いわゆる一般公務員で、勅令68号により廃止されなかった公務員
	文官	警察監獄職員		文官
高等官	政務次官、参与官、参政官、副参政官、参事官、教授、書記官、監獄長、司政長官、司政官、軍政地教授、技師、法務官、陸地測量師、航空官、馬政局技師、千住製絨所長、千住製絨所技師、千住製絨所事務官、俘虜情報局事務官		高等官（本官）	理事官、通訳官、事務官、編修、主事
			（待遇官）	靖国神社宮司、靖国神社権宮司、遊就館長
判任官（本官）	監獄看守長、警部		判任官（本官）	属、録事、助教、通訳生、技手、編修書記、判任官たる看護婦長、千住製絨所技手、千住製絨所属、千住製絨所書記、馬政局書記、陸地測量手
（待遇官）		警査 巡査 警守 監獄看守	（待遇官）	通訳、靖国神社禰宜、靖国神社主典、靖国神社衛士長、靖国神社宮掌、靖国神社衛士、遊就館職員

（恩給法の適用を受けない軍属）

（陸軍）判任官待遇		主事補、業務手
属託	奏任扱	演習場主管、歯科医、軍医代用員、通訳、軍属船員、事務、教務、技術
	判任扱	衛生部代用員、看護婦長、通訳、事務、教務、技術、軍属船員
雇員		衛生兵代用員、看護婦長、技術雇員、事務雇員、調理指導員、自動車操縦者、衛生下士官代用員、療工代用員、守衛長、守衛、打字員、事務員、電話事務員、軍属船員
傭人		看護婦、調教手、軍犬手、蹄鉄工、鞍工手、療工手、庫手、看護手、製図手、印刷手、側手、調理手、自動車手、製本手、図生、軍馬手、消防手、警防手、軍鳩手、牧手、耕手、筆生、厨手、公仕、雑仕、打字手、電話手、給仕、汽缶手、軍夫、験潮儀監守
工員		工員、徴用工員

海軍軍属区分

（恩給法上の公務員）

恩給法の用語	旧軍属		旧軍人以外の公務員	
説明	昭和21年勅令第68号により旧軍人と同じに廃止された公務員		昭和21年勅令68号により恩給の支給が廃止されなかった公務員	
	文　官	警察監獄職員		文　官
高等官	政務次官、参与官、参政官、副参政官、参事官、事務官長、書記官、技官、医官技師、法務官、司法事務官、教授、司政長官、司政官、監獄長、 主理：（主理試補） （法務官試補）		高等官	事務官、理事官、通訳官、編修（主事、優遇令による）退官または死亡に際し奏任官となった者
判任官及び待遇官	監獄看守長、警部、警使	監獄看守 巡査、警査 警吏補	判任官及び待遇官	医員、属、書記生、書記、通訳、技官補、技手、助教、教員、編修書記、監獄書記、録事、望楼手、望楼長、税関吏、准教員

（恩給法の適用を受けない軍属）

雇員	副書記、理事生、技工士、運転士、裁縫士、製糧士、調理師、調剤助手、医務助手、看護婦、守衛、栄養士、通弁、保健婦、技療士、 ［雇員傭人規則（昭 18. 6 . 15 達第 146 号）］
傭人	記録手、軍用郵便手、兵器手、機関手、電機手、工作手、潜水手、操船手、靴工手、彫刻手、印刷手、経師手、運輸手、警防手、倉庫手、運転手、裁縫手、製糧手、割烹手、烹炊手、製剤手、養成看護婦、技療手、線路手、電話手、理髪手、洗濯手、衛生手、用務手、番人、従僕、給仕 ［雇員傭人規則（昭 18. 6 . 15 達第 146 号）］
工員・鉱員	製図員、分析員、実験員、検査員、計器員、光学員、記録員、企画員、機工員、仕上員、製鋼員、鋳工員、鍛工員、撓鉄員、銅工員、鉄工員、鋲打員、填隙員、鉄木員、現図員、穿孔員、溶接員、鍍工員、木工員、木型員、製罐員、組立員、電気員、火工員、製薬員、塗工員、縫工員、網具員、煉瓦員、潜水員、写真員、刷版員、兵器員、準備員、運転員、運搬員、衛生員、烹炊員、機関員、警防員、通信員、整理員、飛行員、雑工員 ［海軍工員規則（昭 12. 5 . 1 達第 64 号）］ ［戦時海軍工員規則（昭 18. 9 . 27 達第 233 号）］ ［海軍徴用工員規則（昭 15. 11. 19 達第 263 号）］ （鉱員は海軍燃料廠工務規則により採用した者）

本表に記載しているものの他、恩給法の適用を受けない軍属には、「海軍属託、海軍徴用船員、海軍徴用員、海軍軍属船員」等がある。

軍人・軍属・準軍属の区別

大区分	小区分	説明及び恩給法、援護法等による給付等の際の具備要件等
軍　人	軍　人	陸海軍の現役、予備役、補充兵役、国民兵役にあった者
	準軍人	陸軍の見習士官、士官候補生、海軍候補生、見習尉官等
軍　属	文　官	陸海軍部内の司政官、参与官等高等文官及び警部、監獄看守長等の判任文官
	陸海軍部内の有給軍属	陸海軍部内の有給軍属として、事変地または戦地における勤務に従事していた者（属託員、雇員、傭人、工員、鉱員）
	配属雇傭人	通信省、鉄道省等の有給の属託員、雇員等であって、それらの身分を保持したまま、陸海軍に配属され、事変地または戦地における勤務に従事していた者
	船舶運営会船員	国家総動員法に基づいて設立された船舶運営会の運航する船舶の乗組員であって、戦地における勤務に従事していた者
	満鉄軍属	陸海軍の指揮監督のもとに軍人軍属と同様の業務にもっぱら従事していた南満州鉄道ＫＫ、華北交通ＫＫ、満州航空ＫＫ等の国策会社の職員
	新戦地勤務軍属（台湾軍属）	昭和19年10月10日以降の戦地の区域のうち、台湾及び南西諸島において陸海軍部内の有給軍属として勤務に従事していた者
	新事変地勤務軍属	事変地の区域のうち、満州において陸海軍部内の有給軍属または満鉄職員として勤務に従事していた者
準軍属	国家総動員法による被徴用者	①　国家総動員法第４条に基づく国民徴用令、船員徴用令等により徴用され、国の行う、総動員業務や政府の管理する工場等の行う総動員業務に従事中の者 ②　軍需会社法によって指定された軍需会社の従業員であって、軍需会社徴用規則によって現職のまま徴用されたものとみなされる者で、業務に従事中のもの

準軍属	総動員業務の協力者	国家総動員法第 5 条に基づく総動員業務への勤労協力に従事中の者 ① 学校報国隊の隊員（いわゆる動員学徒。学徒勤労令により、中学校、女学校、大学等から動員され、軍需工場等で働いた学生、生徒） ※国民学校初等科の生徒は除く ② 女子挺身隊の隊員（女子挺身勤労令により動員され、軍需工場等で働いた女性） ③ 国民勤労報国隊の隊員（国民勤労報国協力令により動員され、軍需工場等で働いた人）
	戦闘参加者	陸海軍の要請に基づいて戦闘に参加した者 主な例として ① 満州において、関東軍の要請により敵と交戦した開拓団員等 ② 沖縄本島において、日本軍の要請により軍事行動中の住民
	国民義勇隊員	「国民義勇隊組織ニ関スル件」に基づいて組織され、出動中の国民義勇隊員。出動例として、都市疎開、陣地構築作業
	特別未帰還者	陸海軍に属しない一般邦人で、昭和 20 年 9 月 2 日から引き続き海外にあって帰国せず、かつ、ソ連、樺太、千島、北緯 38 度以北の朝鮮、関東州、満州または中国本土の地域内において、ソ連地域内の強制抑留者と同様の実情にあった者
	満州開拓青年義勇隊員	「満州開拓民ニ関スル根本的方策ニ関スル件」に基づいて組織された開拓民のうち、青少年をもって結成されたものであって、茨城県内原訓練所で訓練を受けた後、満州に送出され、現地訓練所に入所している期間中の者
	軍属被徴用者	国家総動員法により徴用され、陸軍または海軍の直轄工場等に所属して軍属の身分を取得した者または陸海軍軍属たる身分を有する者として軍当局において徴用された者で、本邦において勤務に従事中のもの（昭和 20 年 8 月 8 日までは陣地構築等の軍事に関連する業務に従事中の者に限る）

準戦地非徴用軍属	陸海軍の本来の軍属として昭和16年12月8日以降、本邦等で勤務に従事の者（陸軍、海軍の共済組合員であった者）
満州学徒	学徒勤労奉公法により、昭和16年12月8日以降、中国において総動員業務と同様の業務に協力中の在満日本人学徒等
防空監視隊員等	①　防空監視隊令第3条の規定に基づいて組織された防空監視隊員で防空上の監視及び通信業務に従事中の者 ②　船舶防空監視隊令第1条の規定に基づいて組織された船舶防空監視隊員で防空監視及び通信業務に従事中の者
準事変地非徴用軍属	陸海軍の本来の軍属として昭和12年7月7日から昭和16年12月7日の間において、本邦等で勤務に従事中の者
防空従事者、警防団員等	①　防空法に基づき、昭和16年12月20日以後、地方長官等からの防空業務従事命令により、防毒、救護等公共の防空業務に従事中の医師、看護婦等の医療従事者 ②　防空法に基づき、昭和16年12月20日以後、地方長官等からの防空業務従事命令により、特別の訓練教育を受け公共の防空業務に従事中の警防団員
満州青年移民	「満州開拓民ニ関スル根本的方策ニ関スル件」に基づき満州に送出された者で、陣地構築等の軍事に関する業務に従事中の者
義勇隊開拓団員	茨城県内原訓練所で訓練を受けた後、満州に送出され、昭和16年10月以降満州開拓青年義勇隊の隊員として、現地訓練所で訓練を終了した後、集団開拓農民となった者

参考：船員の場合

戦争により日本は民間船4千隻以上を失いました。それと同時に亡くなられた船員の総数は6万名以上になります。資料の残っていない船も多いことは容易に推測され、犠牲となられた方は非常に多いと思われます。この数字は当時の船舶関係者の総数からみるとかなりの高い比率です。それにもかかわらず、一時期は軍属とも認められていませんでした。民間の船員の方々が戦争の一番の犠牲者だったのかもしれません。

戦死の場所　コラム

過去の戦争における国外での戦死の場所は、太平洋の島々やアジア各地に散らばっています。なかには、遥か地中海や大西洋、インド洋マダガスカル島で亡くなった方もいます。

第一次世界大戦において、日本は日英同盟に基づき、輸送船団護衛のための第二特務艦隊を地中海に派遣しましたが、敵潜水艦の攻撃により駆逐艦「榊」が被雷し59名が戦死するなどし、第二特務艦隊では合計78名が亡くなっています。日本海軍は連合国側商船787隻、計350回の護衛と救助活動を行いイギリス国王から勲章を受けています。

第二次世界大戦において、日本はドイツへ5回にわたり潜水艦を派遣していますが、無事往復できた艦は第二次派遣の伊号第八潜水艦のみであり、他は撃沈されています。第5次派遣の伊号第五十二潜水艦は大西洋で撃沈されましたが、この艦には大量の金塊が積載されていたという記録があり、近年トレジャーハンターにより船体も発見されました。金塊は見つからずに発見場所が深海であるため、さらなる探索は断念されています。

第二次世界大戦において、日本はマダガスカル島北端にあるディエゴ・スアレスに停泊するイギリス艦船攻撃のため、伊号第十六潜水艦と伊号第二十潜水艦から魚雷2本を装備した2人乗りの特殊潜航艇を発進させました。伊号第二十潜水艦から発進した艇は雷撃を成功させましたが、その後艇が座礁したため乗員はマダガスカル島へ上陸。母艦との会合地点に徒歩で向かいましたが、イギリス軍に発見され降伏勧告を拒否、軍刀と拳銃で戦い戦死しました。もう一艇については、発進後は行方不明となり乗員は戦死したとされています。

第4章
資料の見方

4-1

資料の見方の基本

交付される資料には解説がついておらず、それが何なのか、いつ作られたのかわからない場合が多くあると思います。そこでこの章では、それらの交付資料について解説していきます。なお、陸海軍の別ではなく、都道府県・厚生労働省の別に解説します。

公式の記録いえども、すべての記載が正しいとは限りません。戦場以外での事故死や病死を戦死と報告されたこともあるようです。これは名誉の戦死扱いとなるようにとの上官の恩情もあったようです。それ以外にも記録・記憶間違いによるものがあります。その理由は様々ですが、現在となっては確かめようがないのが実情です。

第1章1-2で記載したとおり、失われた資料は人によって違うので、何が交付されるかわかりませんし、都道府県によっては資料の交付はしないというところもあります。

資料の戦後の保管先の来歴については、第1章1-3で陸海軍分は記載しましたが、それ以外の資料について少し触れておきましょう。

陸海軍の作成した人事資料以外にも、市町村の兵事係が作成し、軍へ提出する「在郷軍人名簿」「壮丁名簿」等があります。これらはその記載内容から、交付されることはないだろうと思っていましたが、某県の担当者から、「もし残っていればコピーして交付します」と言われました。これらの資料も多くは終戦時に焼かれてしまいました。また、市町村が「軍」の指示とはいえ、住民を監視していた資料ともいえ、都道府県によっては積極的に交付するかは微妙な資料です。

都道府県・厚生労働省からの交付資料には、「身上申告書」のように双方が保管している資料がありますが、本書においては、それは都道府県保管資料または厚生労働省保管資料のどちらかに入れてあります。

以下、都道府県資料です。

「兵籍（簿）」
「戦時名簿」
「臨時軍人（軍属）届」
「証明書」
「病歴書」
「事実証明書」
「死亡証明書」
「本籍地名簿」
「除隊召集解除者連名簿」

その他、「文官名簿」「壮丁名簿」「履歴通報」「戦没者調査票」「復員者調

書」「在郷軍人名簿」「身上申告書」「復七名簿」など

以下、厚生労働省資料です。

「履歴原表」
「留守名簿」
「入院患者名簿」
「乗船名簿」
「復員人名表」
「佐世保海軍工廠造機部総員名簿」
「功績調査票」
その他、「陸軍将校実役停年名簿」「陸軍高等文官名簿」「陸軍船員名簿」「(海軍)士官名簿」「死亡者連名簿」など

〈抑留者〉
「個人資料写(訳)」
「抑留者登録カード写(訳)」

4-2

都道府県保管資料

都道府県から交付される「軍歴証明書（履歴書等）」と「兵籍（簿）」については第3章で解説しましたが、ここではその補足とその他の資料について解説します。これらの資料の作られた目的や時期、記載内容について、手元に資料があり把握できる範囲で解説しています。

なお、ここに記載されているものが都道府県保管資料のすべてではありません。また、都道府県の保管資料のすべてが交付されない場合もあります（ただし、交付されないものでも閲覧は認められることがあります）。

軍歴資料が届いたのち、その記載内容の不明点については、都道府県の担当者に連絡すると、わかる範囲で答えてくれます。しかし、担当者の知識の多寡により、求めている答えが得られるとは限りません。中には人事異動で軍歴の担当になったばかりの方であるような場合もあり、回答内容はほとんど期待できません。

恩給などの請求用の「軍歴証明書」を、都道県の担当者はこれらの資料から作成します。また、厚生労働省からの照会があれば、これらの資料を調べるとのことです。個人の記録用の「軍歴証明書」（履歴書・軍歴確認書など）も同様にこれらの資料から作られますが、そもそも個人の記録用であれば、「軍歴証明書や履歴書」を作らず、軍歴資料のみを交付する都道府県もあります。

各資料の書式は項目の入れ替えなど、年代により変更があります。

兵籍（簿）

兵籍は軍人に関する戸籍のようなものであって、陸軍兵籍規則には次のように規定されています。

> 第一条　陸軍ノ兵籍ニ編入セラレタル者ノ身上ニ関スル必要ナル事項ヲ記載スル為本令ノ定ムル所ニ依リ兵籍ヲ調製ス
> 第四条　兵籍ニ記載スベキ事項左ノ如シ
> 一　本籍、戸主又ハ戸主トノ続柄、氏名……

また、兵籍の保管区分は、在隊者＝所属部隊（海外部隊所属者＝留守部隊）、在郷者＝本籍地の連隊区司令部となっており、「兵籍ノ所管ニ移動ヲ生ジタルトキハ旧所管部隊ハ其ノ訂正補足ヲ為シ直ニ新所管部隊ニ送付スベシ」とありました。

したがって兵籍は、例えば現役兵として入営した部隊で作成され、逐次必要な事項が書き加えられたのち、現役満期に伴い連隊区司令部に送付されました。応召出征のときは留守部隊に移管され、海外部隊からの異動通知をもとに、逐次所要の内容が書き加えられました。最後は召集解除に伴い、再び連隊区司令部に送付されるという仕組みでした。

兵籍簿のフォームを106ページに掲載します。記載内容は第3章3-2を参考にしてください。

兵籍簿

分　區　役　服

考　備

免除

退役

兵国役民

充第兵役補

豫備役

現役

別身出

種　兵

書證任適

罰刑

典賞

級　功　等　勲

階　位

籍　本

級　等　官

技能　有ノ　及特　特業

名　氏

孫妹姉弟兄

母

父

子

妻

亡死

母祖

父祖

年

月

日生

陸軍兵籍

履歴

年	年	年	年	年	年	年	年	年
年	年	年	年	年	年	年	年	年

戦時名簿

陸軍戦時名簿規則第一条に、「………主トシテ動員部隊ニ編入中ニ於ケル服務、任官、進級………昇給、命課等ノ取扱ニ資シ且復員後兵籍補修ノ用ニ供スル為本令ノ定ムル所ニ依リ戦時名簿ヲ調製ス」とある通り、この名簿は動員部隊が携行し、復員後は兵籍保管部隊に送付することとなっていました。

また、その記載事項は兵籍とほぼ同様で、特に「恩給法第三二条乃至第三五条ノ規定ニ依ル加算年ニ関係アル経歴」、「動員後ノ港湾、戦地発着、戦歴、公務傷病ニ因ル入退院」等もその事項に含まれていたので、兵籍と同価値のものといえますが、動員部隊が携行していたため、中国で終戦を迎えた部隊をのぞき、携行して復員できなかったため、ほとんど残っていません。

さらに、ソ連との戦闘によって混乱した満州・北朝鮮方面部隊の戦時名簿の移管はまったくありませんでした。

■戦時名簿

役種	
兵種	
特業及特有ノ技能	
本籍	
氏名	
生年月日	
出身年次	

出身別

適任證書

動員前ノ所属部隊

留守担當者ノ住所氏名

位階

勲等功級

官等級

履歴

死亡

刑罰

内容記載例

「戦時名簿（記載）」…資料が残っている方（第3章　例①［71ページ］）の場合

本事例は中国駐屯の部隊であったため、「戦時名簿」の解説どおり、比較的資料が残っていたようです。内地で保管していた「兵籍（簿）」は焼かれたようで、残っていません。漢字の旧字体や崩し、日付の間違い、記載の訂正、不明点には「?」がつけられています。訂正等がいつ行われたのかは、わかりません。戦時中に軍の担当者か訂正したかまたは戦後の世話課の担当者がつけたものと推測されます。

■「戦時名簿（記載）」例

役種	現役
兵種	戦車兵
出身別	
特業及特有ノ技能	
適任証書	
本籍	○○縣○○市○○町○○○番地
留守担當	本籍地ニ同ジ
氏名	○○　○○
出身年次	
（生年月日）	大正○○年○月○日生
死亡	昭和二十年二月廿日戦病死（十一　?）

動員前ノ所属部隊	

者ノ住所氏名
父 ○○ ○

階位

勲等功級

官等級
昭一九、一〇、六 二等兵
昭二〇、二、二一 一等兵
?

刑罰

履歴
昭和十九年十月六日戰車第三联隊要員現役兵トシテ門司集合○同月九日同地出発○同日釜山上陸 同月十一日鮮満國境通過○同月十二日山海関通過○同月二十一日河南省葉縣戰車第三師團捜索隊教育隊編入○十二月十五日教育終了原隊復帰ノタメ出発○同二十年一月十六日湖北省漢口第一陸軍病院ニ入院○ ~~死~~

「臨時陸軍軍人（軍属）届」①　…資料が少ない方（第3章　例②［73ページ］）の場合

軍人については所属部隊名や編入年月日、軍属については身分等を、戸主等が市町村に提出した届です。

軍人軍属として徴収、召集、徴用が可能な人員を把握するため、陸軍部隊にいる軍人軍属の家族から、市町村を通して、各連隊区司令部に届けさせたものです。

■「臨時陸軍軍人（軍属）届」①の例

秘

臨時陸軍軍人（軍屬）届

（昭和二十年三月一日午前零時現在）

軍人軍屬ノ區分	軍人
男女ノ別	男
本籍地	○○縣佐伯市東内町一二三番地
部隊編入中ノ軍人又ハ軍屬ノ氏名（生年月日）	○○　○ 大正○○年○○月○○日生
軍人ノ場合　徵集（任官）年、役種、兵種、官等、其ノ官等發令年月日	徵集（初任官）年： 役種：現役 兵種： 官等： 官等發令年月日：年月日
軍屬ノ場合　身分（雇傭人ニ在リテハ其ノ種類）月給（日給者ハ日給）額及其ノ月給（日給）額發令（決定）年月日	身分（種類）： 月給（日給）額： 月給（日給）發令（決定）年月日：年月日
部隊編入區分（入營、應召、入校、軍屬採用等）年月日	昭和十八年十二月二十日
部隊編入區分（入營、充員、臨時防衛、教育、演習、皈休兵召集、入校、軍屬採用等ノ區分）	入営
最近ノ面會、通信等ニ依リ承知シアル本人ノ所屬部隊ノ名稱	昭和拾九年八月頃佛印派遣森一八〇二部隊○○隊
右ノ所屬部隊ヲ承知セル根據	軍事郵便

右ノ通リ陸軍部隊ニ編入中ニ付キ届出ス

本籍地　○○縣○○市○○○番地
現在地　右同

届出者　父　○○　○○

○○市長　○○　○　殿

「臨時軍人（軍属）届」②　…シベリアに抑留された方（第3章　例⑤［82ページ］）の場合

次ページは、同じく「臨時軍人（軍属）届」の例です。内容はほぼ同じですが、こちらの臨時軍人（軍属）届は、各項の題名が手書きであったり省略があったりと、前記の臨時軍人（軍属）届とは多少の違いがあります。

前者の場合と違い、兵種や官等まで書き込まれているので、留守家族が「私信」によりこれらの情報を把握していたのか、提出先で担当者から聞いて書きこんだのかもわかりません（提出先は市町村なので、おそらく兵事係に提出したものと思われます）。

■「臨時軍人（軍属）届」②の例

秘

軍人 軍屬ノ區分	軍人	男女ノ別	男

臨時軍人(軍屬)届

（昭和二十年三月一日午前零時現在）

本籍地		○○縣○○市○○町○○○番地
部隊編入中ノ軍人又ハ軍屬ノ氏名生年月日		○○ ○ 大正○○年○○月○○日生
軍人ノ場合 徵集(任官)年 役種 兵種 官等 其ノ官等發令年月日	徵集(初任官)年	昭一九
	役種	現
	兵種	歩兵
	官等	二等兵
	官等發令年月日	昭和二十年一月三十一日
軍屬ノ場合 省署		
部隊編入區分(入營、應召)年月日		昭和二十年一月三十一日
部隊編入區分		入営
最近ノ面會、通信等ニ依リ承知シアル本人ノ所屬部隊ノ名稱		滿州第七〇二五部隊○○隊
右ノ所屬部隊ヲ承知セル根據		本人ヨリノ私信ニヨリ承知ス

右ノ通リ陸軍部隊ニ編入中ニ付キ届出ス

本籍地 ○○縣○○市○○○番地
現在地 右同

届出者 ○○ ○○

○○市長 ○○ ○ 殿

「事実証明書」

次ページは、「第3章　例①　軍歴証明書（資料が残っている方）」［71ページ］の詳細が判明する文書です。部隊配属から入院までが記載されています。

なお、以下の「事実證明書」「證明書」「病歴書」「死亡證書」はセットのようです。記載したのは、所属部隊の上官（戦車第三連隊本部）です。また、階級が二等兵から一等兵へ死亡日（20・2・21）に進級したようです。

■「事実証明書」の例

事實證明書

本籍地　○○縣○○市○○番地
現住所　同本籍地
部隊號　戰車第三聯隊本部
　　昭和十九年徵集　陸軍二等兵　○○　○○

一．内地港湾出發日　昭和十九年十月九日
一．事変地到着年月日　昭和十九年十月九日
一．勤務ノ概要
自昭和十九年十月六日
至昭和十九年十月二十日　門司・中華民國河南省葉縣間ノ輸送業務
自昭和十九年十月二十一日
至昭和十九年十二月十四日　中華民國河南省葉縣附近ノ警備勤務ニ從事
自昭和十九年十二月十五日
至昭和二十年一月一日　原隊追及ノ輸送業務ニ從事
一．發病年月日　昭和二十年一月二日
一．發病場所　中華民國河南省信陽
一．病名
一．發病状況
本人ハ生來健ニシテ著患ヲ識ラス又血族的ニモ何等認ムヘキモノナク昭和十九年十月現役兵トシテ河南省葉縣戰車第三師團捜索隊教育隊ニ入隊第一期基本教育ヲ受ケ原隊追及ノ為同隊ヲ出發セリ

昭和二十年一月二日河南省信陽ニ到着時ヨリ全身倦怠感日哺潮熱・胸部・鈍痛アリタルニ依リ受診セルモノニシテ右ハ内地港湾出發時ヨリ狭隘ナル輸送船内ノ起居貨物列車ニヨル長途ノ輸送等ニヨリ大陸ニ來リ心身ニ及ホセル悪感○○カリシニ加ヘ教育隊到着ヨリ約五十日間繁劇ナル初年兵第一期ノ教育訓練ヲ受ケ廣西省ニ在ル原隊追及ノ為出發セリ此ノ繁雑ナル訓練・給養・休養ノ不十分ト非衛生的輸送勤務ニ従事スル等抗病力ノ減退ヲ來シ遂ニ發病セルモノニシテ全ク公務ニ起因セルモノト認ム

右證明ス

昭和二十年一月二日

戰車第三聯隊副官　陸軍大尉　○○　○○　○

戰車第三聯隊　附　陸軍軍醫大尉　○○　○○　○

「証明書」

次ページは、「第3章　例①　軍歴証明書（資料が残っている方）」［71ページ］の詳細が判明する文書です。「証明書」「病歴書」「死亡証書」は、いずれも日付が昭和20年2月21日となっています。

■「証明書」の例

證　明　書

本籍地　○○縣○○市○○番地

現住所　右ニ同ジ

部隊號　戰車第三聯隊

昭和十九年徴集　陸軍二等兵　○○　○○

一、病　名　肺結核

一、決定年月日　昭和二十年二月二十一日

一、公務起因タルノ理由　本病ハ別紙所屬部隊長調製ノ事實證明書ノ
事由ニ依リ昭和二十年一月二日ヨリ河南省信陽ニ於テ作戰行動
中非衛生的環境裡ニ在リテ給養休養ノ不十分ト戰場勤務ノ
過勞トニ由リ抗病力ノ減退ヲ來シ遂ニ發病シタルモノト認ム

右證明ス

昭和二十年二月二十一日

漢口第一陸軍病院長　陸軍軍醫大佐　○○　○○○

「病歴書」

「第3章　例①　軍歴証明書（資料が残っている方）」［71ページ］の詳細が判明する文書です。発病から戦病死するまでの経緯が記載してあります。

■「病歴書」の例

陸軍

病歴書

本籍地　○○縣○○市○○番地
現住所　同右
戰車第三聯隊
昭和十九年徴集　陸軍一等兵　○○　○○

一．病名　肺結核
二．發病年月日　昭和二十年一月二日
三．發病場所　中華民國河南省信陽
四．原因　別紙事實證明書記載ノ如シ
五．經過
(1)　昭和二十年一月二日ヨリ全身倦怠感左胸部ノ鈍痛ヲ訴ヘ受診ス
榮養不良ニシテ左側胸部打診上濁音アリ呼吸音減弱ス右胸部

二乾性囉音ヲ聽取ス　一月六日　信陽患者療養所ニ入所ス収
容時所見前記ニ大差ナシ　一月十三日　胸腔穿刺ニヨリ浸出液　六〇〇
(2)
瓩ヲ採取ス　一月十五日　後送　同十七日　漢口第一陸軍病院ニ収容ス
収容時榮養不良顔色貧血シ肺動脈第二音亢進左肩胛間部
以下濁音ヲ呈シ聲音震盪減弱ス　鎮咳劑健胃散劑投與ス
弛張熱持續シ憔悴ヲ加ヘ呼吸困難アリ　左胸部全面ニ水泡
音聽取スルニ至ル　强心劑高張糖リンゲル液注射ス　二月二十日　胸
部理學的所見喀痰検査ノ結果　肺結核ト病決ス　同日夕刻
ヨリ症狀增悪シ心力衰退シ　昭和二十年二月二十一日七時二十分　該病
ニヨリ戰病死ス

六、死亡年月日　昭和二十年二月二十一日
七、死亡場所　中華民國漢口第一陸軍病院
右之通ニ候也
昭和二十年二月二十一日
漢口第一陸軍病院附　〇〇　〇　〇

「死亡証書」

「第3章　例①　軍歴証明書（資料が残っている方）」［71ページ］の死亡の詳細が判明する文書です

■「死亡証書」の例

死亡證書

戰車第三聯隊

陸軍一等兵　○○　○○

右昭和二十年一月二日　中華民國河南省信陽ニ於イテ作戰行動中肺結核（戰病）ニ罹リ　一月六日來漢口第一陸軍病院ニ於テ加療セシ處遂ニ該病ニ由リ本日午前七時二十分戰病死ス

昭和二十年二月二十一日

漢口第一陸軍病院長　○○　○○○

「本籍地名簿」パターン①

1ページ丸々コピーで、項目や説明は記されていません。昭和19年中期まで整備訂正が行われていた部隊別の連名簿であった留守名簿（前・現所属、階級、本籍、留守担当者住所氏名が記載されていました）から、都道府県別に抽出したもので、現在各県に保管されています。

名簿の上部の「内解」は内地において召集解除か内地帰還召集解除と思われ、「歸還」は帰還なのですが、詳細は不明です。名簿中程の「現・予・二國」は役種で、現役・予備役・第二国民兵役です。「歩・通・工」は兵種で、歩兵・通信兵・工兵です。「上・軍・伍」は官等で、上等兵・軍曹・伍長です。名簿の下部の「迫17大・152飛大」は部隊名で、迫撃砲第17大隊・第152飛行場大隊です。なお、名簿の各所に押されている印の意味について県の担当者に尋ねたことがあるのですが、今となっては不明とのことでした。

■「本籍地名簿」パターン①の例

21・8・13	狩生 746			技	上	○○○ ○○	大 2・9・22	ほ 316	中支派遣 二二野自广
㊋ 20・2・26	126	17	現	歩	一	○○○ ○○	大 11・9・10	○ 615	
戰死 19・6・29	海崎 3347		予		軍	○○○ ○	・・		
内解 21・6・16	長嶋 5323		現	通	上	○○○ ○○	大 13・12・22		○ 迫17大
歸還 22・8・27	海崎 3817	13	予	歩	長	○○○ ○	大 7・7・13	(ト) 2710 末 ほ 307	
㊋ 戰死 20・6・19	711	14	予	歩	軍	○○ ○○	大 8・8・28	(テ) 802	
㊋ 戰死 22・8・19	池田 1610	7	二補	輜	一	○○ ○	明 45・2・16	(マ) 1015 末 ほ 312	
歸還 21・5・20	田ノ浦 3817	7	予	工	上	○○ ○○	明 45・1・10	(ト) 2764	

「本籍地名簿」パターン②

内容が、本人分以外は抜かれているものの例です。

内解 22 4 10	内解 21 5 20	内解 21 12 22	内解 20 10 10	内解 22 9 6
池田 1610	〃 1587	〃 1559	〃 1492	東内町 123
9	11	15	11	18
二國	二國	一補	二補	予
通	歩	飛	歩	歩
上	上	長	上	伍
○○ ○○	○○ ○○	○○ ○	○○ ○	○○ ○
大 2・3・18	大 4・12・18	・・	・・	大 12・10・21
(ト) 1811	(ト) 2710	(コ) 1134	(ト) 191	○ 336
		末 ほ 305		末 ほ 304
(除) 歩 147 連	(除) 152 飛大			(除) 歩 106 連

■「本籍地名簿」パターン②の例

処決年月日	○
本籍	花北 579
徴集(任官)年	19
役種	現
兵種	歩
官等	二
氏名	○○ ○○
生年月日	大 14・2・26 (マ)
原簿	3024/1 末 112

「除隊召集解除者連名簿」

陸軍復員軍人・軍属の部隊別連名簿で、除隊召集解除年月日、場所、役種、官等、氏名、その他留守担当者等が記載されています。

この名簿は復員部隊が復員完結の際に作成して、本籍地地方世話部（世話課）に送付されたもので、部隊別に作成するのが建前でしたが、部隊が崩壊したなどにより混合名簿となった場合も、これを部隊ごとに再度整理編綴したものです。

■「除隊召集解除者連名簿」の例

○○地方世話部ノ分

除隊召集解除者連名簿

終戦時集結場所（ビルマ國タトン）

昭和二一年九月　日　内地帰還上陸

於佐世保廣島上陸地支局

昭和二一年八月二三日
固有部隊　歩兵第百六聯隊
（通称號）森第一八七〇二部隊

留守宅渡ヲ實施シアル者ノ留守擔當者

	部隊名	除隊召集解除 日時	除隊召集解除 場所	本籍	役種	兵種	官等級	氏名	住所	續柄	氏名
除	歩兵第百六聯隊	22 9-6	佐世保	○○縣大野郡小野市村字小野市一三四	予	歩	伍	○○ ○○			
除	〃	〃	〃	○○縣大野郡小野市村	〃	〃	〃	○○ ○○			
除	〃	〃	〃	○○縣東国東郡安岐町下原一三四	〃	〃	〃	○○ ○○			
除	〃	〃	〃	○○縣早見郡藤原村○松一三四-五	〃	〃	〃	○○ ○○			

除	〃	〃	〃	○○縣北海部郡佐賀関町字小○二―三―一	〃	〃	〃	○○ ○○			
除	〃	〃	〃	○○縣佐伯市東内町二―三―一	〃	〃	〃	○○ ○○			
除	〃	〃	〃	○○縣○○郡○○字永松二―三―一	〃	〃	〃	○○ ○○			

4-3

厚生労働省保管資料

厚生労働省から交付される「履歴原表」と「部隊略歴」については第3章で解説しましたが、ここではその補足とその他の資料について解説します。これらの資料の作られた目的や時期、記載内容について、手元に資料があり把握できる範囲で解説しています。なお、ここに記載されているものが厚生労働省保管資料のすべてではありません。

軍歴資料が届いたのち、その記載内容の不明点については、厚生労働省の担当者に連絡すると、わかる範囲で答えてくれます。質問が多い場合は、電話より文書でやりとりのほうが、対応が丁寧です。

各資料の書式は、年代により変更（項目の入れ替えなど）があります。

「履歴原表」 第3章 3-3を参照

海軍に所属すると、海軍省本省または、横須賀、呉、佐世保、舞鶴の四鎮守府のいずれかに籍をおくことになっていました。

ただし、昭和18年7月の「海軍特別志願兵令」の公布以後、志願によって海軍に入った朝鮮、台湾の出身者については、鎮海（朝鮮）、高雄（台湾）の警備府に籍をおくことになります。

おおむね海軍兵学校、海軍経理学校出身の士官と鎮守府に在籍し、特務大尉から特選少佐となったものについては、海軍省人事局で履歴書を調製保管し、その他の特務士官、准士官については、各鎮守府ごとに調製、また、下士官兵については、陸軍の兵籍に相当する履歴原表が鎮守府の人事部に保管されていました。

下士官兵がいずれの鎮守府に属するかは、本人の本籍地を管轄する鎮守府に決まっていましたが、例外として、志願によって入籍する者は志願した地を管轄する鎮守府に在籍することになっていました。

なお、個人保管の資料としては、陸軍の軍隊手帳に相当する携帯履歴がありましたが、終戦後復員した者で、これを持ち帰ったものはわずかであったようです。

ちなみに、形式は縦書きのものと、横書きのものがあります。

「留守名簿」

外地部隊所属者の現況や留守宅関係事項等を管理する資料として、留守部隊において調製され、昭和20年頃より、東部軍留守部を経て陸軍留守業務部に移管されました。

■「留守名簿」（表）

歩兵第一〇六聯隊
（狼第一八七〇二部隊）

留守名簿

昭和十九年十二月三十一日調製
歩兵第一〇六聯隊

■「留守名簿」（裏）

秘

歩兵第百六聯隊留守名簿

昭和拾九年十二月〇〇日
歩兵第七十八聯隊補充隊
朝鮮第二十二部隊

編入年月日	19、2、7
前所屬及其編入年月日	歩七八補 一八・三・二〇
本籍（在留地）	〇〇縣佐伯市東内町一二三
留守擔當者 住所	同上
留守擔當者 續柄	父
留守擔當者 氏名	〇〇 〇
徴集年	昭18
任官年	
役種兵種官等竝等級、俸給月額發令年月日	現歩二 18 12 20
氏名 生年月日	〇〇 〇 大二、一〇、二
留守宅渡ノ有無	無
補修年月日	

22、8、31 宇品上陸 召解

「入院患者名簿」

戦時中〜戦後（おそらく捕虜収容所内に開設）における野戦病院の入院患者の記録だと思われます。

■「入院患者名簿」（表）

入院患者名簿
第四十九師団
第一野戦病院

■「入院患者名簿」（裏）

入院番號	病名	等症	入院月日	退院月日	転帰	部隊號	官等級	氏名
						四九師		
						仝 歩一〇六聯隊		
		壹	二月八日			仝 仝 歩砲		
121	右足大傷兼マラリア（五四）	〃	仝	二月一四日	治癒	仝 仝 仝	上	○○ ○

「乗船名簿」

在外邦人引揚げの際の「引揚船」乗船リストと思われます。

敗戦時の在外邦人数は、昭和21年4月の推計で、軍人約367万人、民間人約321万人とされています。パスポートもビザもなく渡航できた地域があったことを思えば、正確な数の把握は困難であり、725万人という昭和20年末の推計もあります。『引揚げと援護三十年の歩み』（厚生省援護局、昭和56年発行）によれば、昭和51年末までの引揚げ者は、軍人311万人、民間人318万人、計629万人となっています。

■「乗船名簿」（表）

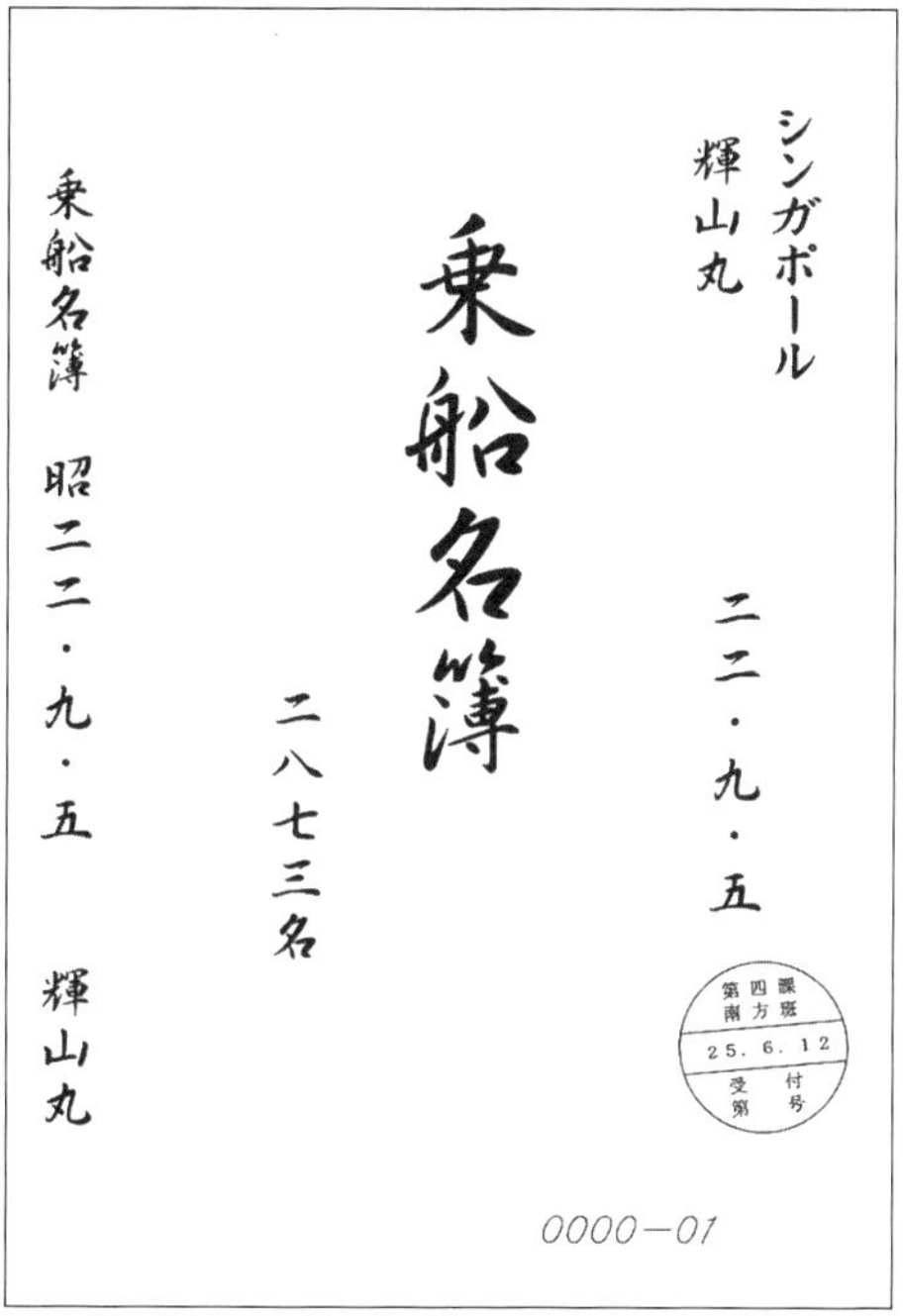
シンガポール
輝山丸
乗船名簿
二二・九・五
第四課
南方班
25. 6. 12
受付
第　号
二八七三名
乗船名簿　昭二二・九・五　輝山丸
0000−01

■「乗船名簿」（裏）

大分地方世話部之分
除隊召集解除者連名簿
昭和二十二年八月　日
歩兵第百六聯隊

番號		2095
本籍地		○○縣佐伯市東内町○○○
現住所（歸還先駅名）		仝上（日豊線佐伯）
固有部隊名 通称部隊名	歩一〇六 森一八七〇二	〃
役種 官等	伍	現 〃
氏名		○○ ○
年令		25

「復員人名表」

この資料（次ページ）については詳細がわからないのですが、作成された場所は「舞鶴引揚援護局復員部」とあり、引揚げで乗船した船名の記載があります。

栄豊丸

復員人名表

上陸
~~復員~~月日　昭和24年12月2日
舞鶴引揚援護局復員部

所屬部隊	官等級	氏名	現住所	摘要
○○○○	〃	○○○○	○○縣○○郡菱刈町花北○○○	

「佐世保海軍工廠造機部総員名簿」

海軍工廠の部門（造機＝機関関係）の人名簿です（軍属は極端に資料が少ないです）。

■「佐世保海軍工廠造機部総員名簿」（表）

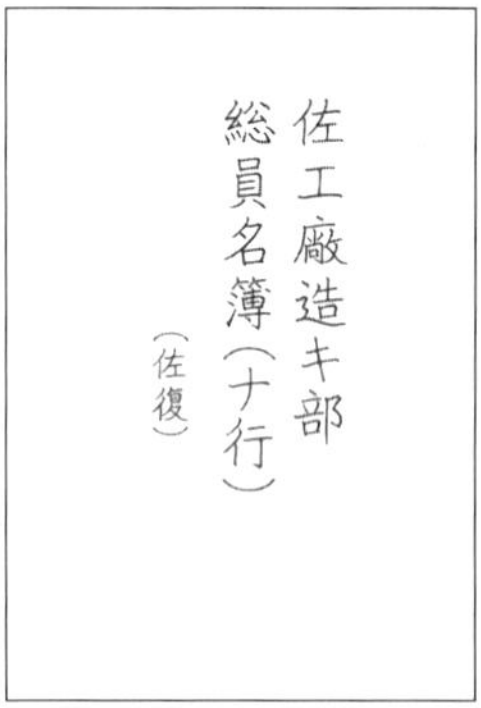

■「佐世保海軍工廠造機部総員名簿」（裏）

右側に飛び出している日付は工廠へ入った日、「1・45」や「1・36」は日給、「企画」は所属部門ではないかと思われます。

「功績調査表」

記載が少ない資料です（軍属は極端に資料が少ないです）。

「功績調査表」（表）

ノ	番號					
氏		名	本	籍	入籍番号	志
現	○○	○	○○縣佐伯市東内町123			徴
出年月日	年　月　日生		死亡年月日	年　月　日死亡		

所轄	期間	記事	官(職)(身分)	任命年月日	位階		功級	勲等		授與年月日	定例戦功別
佐廠	16-9-10	(日1.25)	工員								

「功績調査表」（裏）

所轄	期間	記事	官(職)(身分)	任命年月日	所轄	期間	記事	官(職)(身分)	任命年月日

上奏原簿	従軍記章授與名簿	従軍記章授與名簿	行賞通報	官職	奏功官等		叙賜	叙勲發令年月日	記事

第5章 軍歴証明と資料の活用テクニック

5-1

軍歴証明と資料の活用テクニック

調査の実践

第3章、第4章で解説した通り、都道府県や厚生労働省から交付される軍歴資料には様々なものがあります。

一枚の軍歴証明に時系列順で書かれた経歴で満足される方、都道府県・厚生労働省その他該当者の氏名が出ている資料であれば、どのようなものでも入手し、この資料を基にさらに調べようとする方もいらっしゃるでしょう。

または極端に資料が少なく所属部隊名程度しかわからない場合など、途方に暮れる方もいるかもしれません。

軍歴証明を取得しようと行動された方のきっかけは「(家族の歴史や身近な戦争等)を知りたい」ということだと思いますが、「どこまで知りたい」か、「何を知りたい」かは人それぞれでしょう。

そこで、取得した軍歴資料を基に調査を進めるにあたっての、実践方法を説明したいと思います。

そもそも調べるにしても、我が国での最後の戦争が半世紀以上も以前のことであり、戦争、敗戦による混乱期を経ていますので、今となっては、軍隊という集団で動く組織の中の、一人ひとりの個人の行動・足跡を追うのは、非常に困難であることを前提にお読みください。

歴史にかかわった家族を知る

軍といえどもお役所なので、業務の根拠となる法律に則って、軍等からの記録書類に基づいて所属する個人を書類で管理していました。戦争末期でも、戦場で失われた資料を除けば、ある程度の個人の動きを追えたでしょう。しかし、終戦前後に焼却された資料も多く、現在に残るものは限られます。

戦記などを読んでいると、壊滅的打撃を受け飢餓状態で退却中の部隊の人事係が、人事書類を後生大事に油紙に包み、何とか後送しようと努力する場面や、玉砕する部隊から伝令に対し、上級部隊に届けるよう、書類を託す場面があります。こうした努力で残された書類も終戦時の混乱で焼かれ、また、連合軍に降伏した際に没収や破棄されたこともあるようです。

捕虜収容所では、大事に隠して保管していた個人の日記や住所録まで「内地へは決められたものしか持ち帰ってはならない」との無茶苦茶な理由で荷物の検査をされ、処分させられたとの悲しい物語があります。その検査を担当したのが連合軍に使役されている同じ捕虜日本人だったというのですから何ともいえない思いに駆られます。

逆になんとか記録を残そうと、苦労して書類を持ち帰った部隊や、軍の焼却命令から、在郷軍人名簿などの貴重な記録書類を残そうと努力した役場の兵事係の物語もあります。

当時の政府や連合軍にとっては「大人の事情」で残したくない情報もあったでしょうが、戦争・敗戦といえども残された家族にとっては正に家族の生死に関わる情報であることは想像に難くありません。

現在残されている資料も、今後永遠に保存されると保証されているものではありません。

歴史に埋もれていく記録を、一部とはいえ「軍歴証明」という形で発掘した方には、もう少し調査を続行する努力をしていただき、家族がどこで歴史に関わっていたのか、ぜひ知っていただきたいと思います。

所属部隊、乗組艦船の動きを探るのがカギ

前記のように、個人別の行動を追うのは困難な以上、所属部隊や乗組艦船の動きから行動を追っていくしか方法がありませんが、軍事や歴史知識のない方は、届いた軍歴証明や資料を見てもその資料にどういう意味があるのかよくわからず困るかと思います。近代史や軍事に関する知識が少ない現代人にとっては、とてもとっつき難い文字が並んでいます。

まずは、手元に届いた軍歴資料が入っていた封筒を見てみましょう。そこには、厚生労

働省や都道府県の担当部署の連絡先が書いてあります。ここがさらに詳しい情報を得るための最初のヒントです。

陸軍、海軍、軍属の違いもあり、交付される資料は人それぞれですので、いくつか例を挙げて説明していきます。

資料を活用してそれ以外の情報を調査する大まかな流れとしては、軍歴資料から読み取れる所属部隊を確定し、その所属部隊が戦時中どのような行動をしたのかを調べることです。ただし、調査対象者が所属部隊の「戦友会」に入っていた場合で、その戦友会が現在もある場合には、まずそちらに尋ねてみるほうが詳しい情報が早期に引き出せます。

事例解説——調査の実際

ここでは第3章「3-2 例② 履歴書」［73ページ］の方を例に解説します。なお、次項の5-2で軍歴証明の行間を埋める作業をし、この方の足跡をたどります。また、一部は前述していますので、重複する記述もあります。

「履歴書」が都道府県から交付され、記載からわかることは次のことです。

① 退職時の階級が「伍長」である
② 昭和18年12月20日に現役兵として歩兵第78連隊補充隊

③　昭和19年2月7日に歩兵第１０６連隊（ビルマ）に転属
④　昭和22年に宇品へ上陸し、召集解除

たったこれだけです。この方は無事戦争を生き残り、平成の時代まで存命でした。子供から「人を撃ったことがあるのか？」聞かれたら、黙って不機嫌になってしまったとの話があります。

家族によると、生前に残した証言や資料は、次の通りです。

①　陸軍に入る前は佐世保海軍工廠で働いていた
②　現役で甲種合格だと胸を張っていた
③　戦艦「大和」に乗った
④　ビルマに居た
⑤　狼兵団所属
⑥　インパール作戦に参加した
⑦　連隊長伝令をしていたので、部隊が玉砕する前に、後方へ連絡に出されて生き残った
⑧　自分と連隊長の2人分の荷物を持ち、行軍中は休憩時間にまず連隊長のタコつぼを掘り、次に自分のタコつぼを掘り始めたら出発となった

⑨　ポツダム伍長だ
⑩　戦後もマラリアの発作に苦しんだ
⑪　メモが一枚あったが、孫が紛失してしまった。それには簡単な略図と複数の戦死者の位置、数方向から敵戦車が味方陣内に突入している状況が書かれていた

さて、軍歴証明（履歴書）と証言の共通点は、「現役」「ビルマ」「伍長」であり、現役で軍隊に入り、ビルマ（現ミャンマー）に行っていて、最終階級は伍長だったとわかります。詳しくは後述しますが、この証言には間違いがあります。公的資料とはいえ、軍歴資料が１００％正しいとは限りません。

どこから手をつけるか

まずは、部隊の動きを追うことから始めます。

履歴書には「歩兵第78連隊補充隊・歩兵第１０６連隊」の記載が、証言には「狼兵団」（ろうへいだん）との内容があります。これらの関係を調べることが最初なのですが、「歩兵連隊」や「兵団」の意味がわからないときは１８６ページの用語解説を参照してください。

軍歴資料が送られてきた封筒に書かれている担当部署に電話し、「履歴書・軍歴資料を

送ってもらった○○ですが」と前置きし、取得した資料の中身について尋ねるのですが、この際に注意が必要です。

今回のように都道府県の担当者であれば、その多くが福祉部門の援護業務の一部として軍歴証明事務を行っており、軍事用語の専門家というわけではないこと、また、少人数で複数の業務を担当している関係から、電話での質問は少なめにしたほうがよいでしょう。

多くを尋ねるのであれば、文書を送付してよいかを確認し、質問事項をまとめて送付しましょう。質問事項にしても、担当者は軍歴証明事務の専門家ではあっても、軍事の専門家ではありませんので、「○○○で戦死となっているが、どんな戦いだったのか？」「この階級はどのくらい偉いのか？」などを聞いても、答えてもらえる可能性は低いです。回答が得られるのは、部隊名として使用された通称號の意味や、各資料の項目の意味に関する説明、他の資料の有無程度と考えましょう。

「歩兵」や「連隊」等の意味を担当者に尋ねてみた場合、詳しい方だと、「それは○○○○○です」と細かく答えてくれるかもしれませんが、不慣れな担当者だと「歩兵は兵種の一種で、連隊は編制のことです」などと簡単に片づけられてしまいます。場合によっては「この部署に移動してきたばかりで、わかりません」との答えをもらうこともあります。

それでも例えば「歩兵第78連隊、歩兵第106連隊、狼兵団との関係はなんですか？」と尋ねると、おそらく帳簿を調べて「狼兵団とは第49師団のことで、歩兵第106連隊は同師団の編制内にあります」との回答が得られると思います。これでまず、履歴書の③「歩兵第106連隊」と、証言⑤「狼兵団」がつながりました。

なぜこれを答えてもらえるかというと、担当者の手元には業務の関係上、通称號と部隊の一覧資料がある可能性が高いのです。通称號とは兵団文字符と通称番号の組合せです。兵団文字符は、軍・師団・旅団といった編制の大きな部隊に秘匿のためにつけられる漢字1文字または漢字2文字のことで、通称番号とは数桁の数字で、兵団文字符のあとにつけることで師団内の連隊等を示しています。例えば、第49師団歩兵第106連隊の通称號は「狼第一八七〇二部隊」です。

ここで、第49師団という名前が出てきたので、調べる糸口がつかめました。さっそくウィキペディアで検索するとその概要がわかります。やはりビルマで活動したようですし、文中にある第49師団の編成（編制と編成の違いは用語解説で）の基となった留守第20師団のリンク先を開くと「補充」の文字が2か所あります、どうやら歩兵第78連隊「補充」隊の人員も第49師団に組み込まれたようです。

ちなみに師団より小さい編制である連隊の情報は、ネット上には少ないので詳しい情報は得られないことが多くなります。

ウィキペディアの話が出ましたので、ちょっとズレますが、「狼兵団」「第49師団」「歩兵第106連隊」のことを書いた本があるかどうかも、ついでに検索してみましょう。そうすると、いくつか該当があります。詳しくは後述します。

所属部隊についてさらに調査する

さて、都道府県の担当者のおかげで、枝葉から幹をたどるように第49師団所属とわかりました。この方の場合、履歴書以外にも、都道府県保管資料のすべてを請求していましたので、「本籍地名簿」「履歴通報」「臨時陸軍軍人（軍属）届」「除隊召集解除者連名簿」は交付されましたが、肝心の「兵籍簿」や「戦時名簿」がありません。これでは進級や移動の詳細がわかりません。都道府県の担当者はこの4つの資料から3-2 例②（73ページ）の履歴書を作成したのでしょう。試しに「兵籍簿」等はないのかと担当者に確認しますと「残っていないので、焼却されたと思われます。終戦前後に当県の○○市の某所で兵籍簿等が燃やされているのを見た、との証言が残っています」とのことでした。

これら4つの資料（詳細は第4章「4-2 都道府県保管資料」を参照）をよく見ると、112ページの4-2臨時陸軍軍人（軍属）届①の「所属部隊の名称」部分は「佛印派遣森一八〇二部隊加来隊」となっていますが、124ページの4-2除隊召集解除者連名簿の通称號には「森第一八七〇二部隊」固有部隊「歩兵第百六連隊」とあります。

「あれ？ 狼じゃないし、数字が違う？」と思うかもしれませんが、「森」は緬甸（ビルマ）方面軍の兵団文字符であり、第49師団（狼）が緬甸方面軍直轄部隊であったため、この表記になっているようです。数字が違うのは、臨時陸軍軍人（軍属）届は、軍人（軍属）の家族が市町村の役場に届け出たものなので、書いた家族が書き損じた可能性があります。

この辺りも担当者に詳しい方がいると、教えてもらえる場合があります。

122ページの本籍地名簿パターン①を見ると、該当者は左端で「予」「歩」「伍」が並んでいますが、それが何の項目なのか記載がありません。このあたりも都道府県の担当者に聞くと、その項目の名前を教えてくれます。「予」は「役種」であり、「歩」は「兵種」であり、「伍」は「官等級」です。それぞれの意味は巻末の用語解説をご覧ください。

ここで疑問が湧いてきます。履歴書には「現役兵として」とあり、証言②「現役で甲種合格だと胸を張っていた」とあるのに、役種が「予」ということは「予備役」ではないか…？

この点も都道府県の担当者によると「この部分は召集が解除された時の区分だから予備役になっている」とのこと。臨時陸軍軍人（軍属）届の役種も現役との記載がありますので、その資料の作成時期を考える必要があります。

さて、このように軍歴証明と証言の重なる部分から調べていくのですが、資料を読めば前記のように次々と疑問点が出てくるものと思います。疑問を解きつつ、厚生労働省にも何か資料がないか、問い合わせてみるといいでしょう。厚生労働省の調査はやや時間がかかりますので、都道府県への請求と同時に厚生労働省へも請求しておくと時間の短縮になります。

厚生労働省から届いた資料は「歩兵第一〇六連隊留守名簿」「乗船名簿」「入院患者名簿（3枚）」と参考資料としての「歩兵第一〇六連隊部隊略歴」です。ついでに軍属期間の資料も請求していたところ、少しですが資料がありました。

「留守名簿」「乗船名簿」の記載は、都道府県保管資料とあまり変わりませんでしたが、「入院患者名簿」は軍歴証明の行間を埋める重要な資料となりました。記録では3度マラリアで入院しており、証言⑩「戦後もマラリアの発作で苦しんだ」の原因が判明し、証言が裏付けられたのです。

また、参考資料としての「歩兵第一〇六連隊部隊略歴」により、証言⑥「インパール作戦に参加した」は勘違いであることが判明しました。

そして、軍属期間の資料は証言①「佐世保海軍工廠で働いていた」ことについての証明となりました。詳しくは次項で説明します。

5-2

軍歴証明書と資料を活用

軍歴証明書の行間を資料で補完する

ここでは、第3章3-2例②（73ページ）の「履歴書」という題名で交付された軍歴証明書の行間を埋める作業を行った結果を記載していきます。この作業をすることで無味乾燥であった、たった数行の軍歴証明書が、歴史とどのように関わったのか、現実味のあるものへと変わります。なお、行間を補完した履歴書の元となった73ページ「履歴書」に記載されていた部分はゴシック体で表し、項目を一部変更してあります。

参考資料

148ページからの手作り履歴書に記載してある参考資料の表記は、「歩兵第百六連隊史」＝(参連)、「佐世保海軍工廠造機部総員名簿」＝（参名）のようにしています。以下、資料とその引用例です。なお、参考文献の一覧は204ページに掲載しています。

『歩兵第百六連隊史』（参連）
「佐世保海軍工廠造機部総員名簿」（参名）
ウィキペディア（参w）
『日本陸海軍事典』（参日）
「臨時陸軍軍人（軍属）届」（参臨）
『丸スペシャル No.52戦艦大和・武蔵』（参丸）
「入院患者名簿」（参入）
「歩兵第一〇六連隊部隊略歴」（参略）

※ゴシック体は県から交付された履歴書の記載部分です。
※戦闘の記述等は『歩兵第百六連隊史』を基に記載していますが、かなり省略しています。

手作り履歴書					
退職時の階級・官職名 陸　軍　伍　長			氏名 ○　○　　○　○		大正　○○　年　○○　月　○○　日　生
年	月	日	任官等	本人の記事	補足・資料等
昭16	9	10	工員	佐世保海軍工廠造機部工員ニ採用	(参名）造機部とは「機関及び鋳物の造修に関することを掌る部署」（厚労省担当者よりの説明文)。
				国際情勢：第二次世界大戦勃発から２年目、昭和15年に締結された日独伊三国同盟の一角である独逸は、この年ソ連侵攻中。	国内情勢：泥沼の日中戦争４年目、ABCD包囲網により経済逼迫。米の対日石油輸出全面禁止により、９月６日の御前会議に於いて対英米蘭戦を決意するも、昭和天皇が拒否。
				陸軍：南部仏印進駐中、６月に勃発した独ソ戦に触発され、関特演中（北進は取りやめ)。	海軍：対英米戦に備え、前年よりの出師準備により、各海軍工廠は繁忙中。
昭18	8	31		依願解傭	昭和18年に満20歳となるので、徴兵検査を受け甲種合格（身体頑健）となったようだ（証言②）より。
				国際情勢：戦力を整えた連合軍の反攻作戦が本格化。独逸は東部戦線での主導権を失い後退中。伊太利亜は９月に連合軍に降伏。	国内情勢：大東亜会議を開き、大東亜共栄圏の結束を誇示する。戦線が伸びきり軍需物資の補給困難。学徒出陣（10月壮行会)。
				陸軍：２月ガタルカナル島からの撤退、５月アッツ島の玉砕、ソロモン諸島やビルマでも戦闘中。	海軍：４月連合艦隊司令長官山本五十六戦死、11月タラワ島守備の海軍部隊総員壮烈なる戦死。
昭18	**12**	**20**	**二等兵**	**現役兵として歩兵第78聯隊補充隊**	歩兵第78連隊は大正５年朝鮮京畿道龍山に設置、昭和18年に東部ニューギニアへ進出（参w)。
昭19	1	6			昭和16年８月歩兵第106連隊は兵庫県加古川にて１個大隊基幹で新設され編成完結（参連）この時より昭和20年４月まで連隊長は○○大佐、以後、連隊長代理○○少佐。昭和19年１月６日軍

					令陸甲第二号により歩兵第106連隊臨時編成（乙）ならびに歩兵第78連隊補充隊復帰下令。朝鮮龍山に移住の準備（参連）。
昭19	2	7		**歩兵第106連隊に転属（ビルマ）**	2月1日に元歩兵第78連隊補充隊兵舎に入った歩兵第106連隊は、2月7日編成完結（参連）。まだビルマへは移動していない。
				国際情勢 6月ノルマンディー上陸作戦により、4年ぶりに西部戦線構築、東部戦線では独逸中央軍集団壊滅、8月ワルシャワ蜂起。	国内情勢 連合軍の通商破壊戦により大量の輸送船を失い、継戦能力の低下。7月サイパン失陥に伴い東条内閣総辞職。徴兵適齢が20歳から19歳に引き下げにより、10月この方の弟も陸軍へ。
				陸軍 緬甸から印度北東部インパールを目指し3月から7月まで行われた無謀なウ号作戦の失敗。10月レイテ島地上戦開始。	海軍 6月マリアナ沖海戦、10月レイテ沖海戦と続けて敗北し、組織的な作戦能力を喪失。神風特別攻撃隊を組織。
昭19	6	13		歩兵第106連隊第一次編成完結、第49師団長の隷下に入る	5月27日発令の軍令陸甲第五十九号臨時動員。龍山駐屯中は南方派遣のため準備期南方戦線の特別教育であった（参連）
昭19	6	15		歩兵第106連隊第二次編成完結	第49師団編成定員17,168名歩兵第106連隊編成定員3,252名（参連）
昭19	6	28		出陣の準備完了	夜半行軍にて龍山駅到着（参連）。
昭19	6	29		龍山駅出発	（参連）（参略）
昭19	7	3		釜山港にて吉野丸に乗船	（参連）（参略）
昭19	7	7		呉入港、戦艦「大和」に連隊本部、第一大隊が、戦艦「武蔵」には第二、第三大隊が移乗 翌日8日呉出港	小隊長以上は艦内見学（参連）（参丸） ※疑問、下記の軍事郵便によると所属は第三大隊と思われ、そうすると乗艦は戦艦武蔵となるが、証言⑦の連隊長伝令であれば、連隊本部と共に戦艦大和に乗艦の可能性もある。大和も武蔵も同型艦なので余り変わらない。

昭19	7	17		リンガ島着、18日第17真成丸に移乗、19日セレタ軍港入港、21日昭南(シンガポール)港外にて大発に移乗、22日上陸	(参連)
昭19	7	28		平安丸に乗船、サイゴン・・この後8月にかけて、メコン河を遡航しプノンペン、バンコックと移動	この間に内地へ軍事郵便を出したと思われる。
昭19	8	頃		軍事郵便によると、歩兵第106連隊第3大隊第8中隊所属の可能性	「臨時陸軍軍人(軍属)届」記載によると、昭和19年8月頃家族に届いた軍事郵便記載の所属部隊の名称「佛印派遣森第1802部隊○○隊」とあり、○○は中隊長名であるので「連隊史」の編成人名表より同名の中隊長の該当者あり(参臨)(参連)。
昭19	9	10		軍旗祭(最後)	(参連)
この後、映画「戦場にかける橋」のモデルとなったメクロン河にかかる鉄橋を渡り、ビルマへ向かう。断作戦(警備)参加。～中略～					
昭19	12	22	上等兵	マラリア兼急性腸炎で昭和20年1月8日まで、第49師団第○野戦病院に入院	厚労省保管資料である「入院患者名簿」の、3枚交付された内の1枚目によると、階級が上等兵となっている。※疑問として所属の記載が第3中隊となっている。第3中隊は第1大隊所属なので、臨時陸軍軍人(軍属)届から推定した第3大隊第8中隊と違う。異動した可能性。(参入)
盤作戦(戦闘、警備、陣地構築)参加(参連)(参略)					
昭20	2	8	上等兵	右足大傷兼マラリアで2月14日まで、第49師団第一野戦病院に入院	「入院患者名簿」の2枚目。※疑問、所属が「歩砲」となっている。歩兵第106連隊は「連隊砲」「大隊砲」「速射砲」を保有しており、「歩兵砲」は「大隊砲」を指すが、そうだとすると連隊を構成する3個大隊の内の、どの大隊の大隊砲小隊なのか?
				国際情勢 2月ヤルタ会談。4月ルーズベルト大統領急死、ヒトラー総統自決、5月ベルリン陥落、独逸降伏 。	国内情勢 南方資源地帯からの資源輸送途絶。本土空襲本格化。4月大本営「決号作戦準備要綱」示達。

			陸軍	3月硫黄島陥落、ビルマ国民軍が日本軍に対して決起、4月米軍沖縄上陸。	海軍 B-29による機雷敷設により、本土周辺航路も危険に。4月天一号作戦大和沈没。
1月中旬、ウ号作戦（インパール作戦）の損害により極度に戦力の低下した第15軍は、イラワジ河畔にて防御配備についた。しかし2月下旬、英印第4軍団主力の約2000両に及ぶ戦車、自動貨車が戦線を突破、メークテーラ方面に進出した。 メークテーラには第49師団の一部、航空・兵站・通信部隊、入院患者等計約4千名しか兵力がなく、3月3日陥落。第49師団は方面軍より「・・敵機甲部隊ヲイラワジ河以西ニ撃攘シ第15軍ノ作戦ヲ容易ナラスムベシ」と命令を受け、歩兵第106連隊はメークテーラへ向け急進することになる。各大隊は貨車又はトラック輸送となるが、空襲を受けトラック又は行軍、牛車により北上。 3月上旬メークテーラ南方にて戦闘開始。敵戦車相手に（敵中戦車に手榴弾30発結束して爆発させても破壊力なし）、少数の山砲（少数のタ弾）、小銃・機関銃・擲弾筒、爆薬を抱えて突入する肉薄攻撃で攻撃するも「タ弾」で爆破した戦車以外は全部修理される。 「機関銃も銃身がやけつくまで猛烈に銃撃を浴びせているが、戦車に命中しても全く効果がない。随伴歩兵の進撃を阻止する程度であり、第一線の火器の殆んどが全滅状態になったころ、各壕をしらみつぶしにしつつ我が陣地に接近してくる。対戦車火砲の無い悲しさ、敵戦車の行動は自由である。肉薄攻撃班も戦車が近づくころには殆んど爆薬と運命を共にし、その威力を発揮することが出来ず、陣地内蹂りんがはじまる」状態であり、連隊はメークテーラ奪回のため、夜襲や切り込みまで行い、約一か月の死闘の後「転進」命令を受け後退するも、脱出した連隊主力約400名は4月6日戦車に包囲蹂りんされつつも最後まで戦い続け軍旗を失う（軍旗は奉焼され、竿頭菊の御紋章のみ連隊旗手が奉持し転進）。連隊主力は百数十名となり、連隊長は8日、四周敵の中にあって奮戦中、武人として悲壮なる最期を遂げたとあり、遺品遺骨は当番の伍長（連隊長と同氏）がタトンまで運んだが病で死亡。 ※タ弾とは独逸から技術提供された対戦車弾で、四一式山砲用の穿甲榴弾のことと思われる。					
昭20	8	18		師団命令により、戦闘行動停止	（参連）
昭20	8	29		タトン県ドインゼーク集結	（参略）
昭20	11	6	上等兵	マラリア兼疥癬で12月20日まで第49師団第一野戦病院に入院	「入院患者名簿」の3枚目。 ※疑問、また所属が第3中隊との記載
これ以後、ポツダム進級で伍長となったのであろうが、詳細は不明。					
その後、昭和22年7月まで抑留。その間宿営地移動でペヤジ→プローム→ラングーン（参略）					
昭22	7	27		英船タルマ号によりラングーン出港	（参略）
昭22	8	1		シンガポール上陸	（参略）
昭22	8	23		セレタ軍港にて輝山丸に乗船	（参連）
昭22	8	31		宇品上陸	一部は宇品、大竹に上陸したようだ（参連）。
昭22	9	6		佐世保上陸	「乗船名簿」は5日に作られている。
〃	9	31		召集解除	
				「以下余白」	

軍事郵便から得られる所属情報

都道府県及び厚労省から交付される資料、書籍、ネットの情報により、ここまで行間を埋められます。

しかし、手作り履歴書内の※でも記述していますが、まだ疑問点があります。所属がわかるものとして、臨時陸軍軍人（軍属）届の軍事郵便による情報があります。佛印派遣森第一八〇二部隊〇〇隊＝「森」は緬甸方面軍の兵団文字符、「一八〇二部隊」は家族の記載間違いと思われ、実際は「一八七〇二部隊」で歩兵第106連隊を表す通称番号であり、「〇〇隊」の〇〇部分は中隊長名ですので、「歩兵第百六連隊史」の編成人名表（分隊長級以上の記載しかありません。編成定員3千名を超えるので、全員は記載できないのでしょう）からあてはめると、緬甸方面軍第49師団歩兵第106連隊第3大隊第8中隊なのです。しかし、入院患者名簿によると、

第3中隊（第3中隊は第1大隊所属）
⇦
歩砲（大隊所属の歩兵砲小隊と思われるが、どの大隊かは不明）
⇦
第3中隊（第3中隊は第1大隊所属）

と変わっています。兵隊は通常、生活の場である「中隊」が変わるのを非常に嫌がります。もっとも嫌がろうと、一兵士の希望は通りませんので、即異動となります。

部隊に損害が出てやむなく編成替えをしたのか、入院が原因で移動してしまった中隊等に復帰できず、退院後最寄りの中隊等に編入したものかわかりません。この原因を解明するのは困難でしょう。

作戦名の差異

手作り履歴書の、国際情勢等欄の作戦名等は、バラバラで記載していますので違和感を持った方もいらっしゃると思います。

厚労省から交付される「部隊略歴」には参加した作戦名が使われており、「断作戦」や「盤作戦」のキーワードでネット検索すると、ウィキペディアで大体のところは記載があります。

実際に調べる際に混乱すると思われますが、一般に使われている作戦名と軍の作戦名は違います。戦場の名前がつけられた「マリアナ沖海戦」「レイテ沖海戦」などは、戦いの結果つけられた海戦名ですし、国により呼び名が違っていたりします。

いくつか例を挙げましょう。

- 通称「インパール作戦」は、日本側作戦名「ウ号作戦」といいます。
- 「マリアナ沖海戦」は、「あ号作戦」により戦われた海戦の日本側名称ですが、米軍側では「フィリピン沖海戦」との名称がついています。
- 「レイテ沖海戦」は、日本側では「比島沖海戦」と呼ばれ、「シブヤン海海戦」「スリガオ海峡海戦」「エンガノ岬沖海戦」「サマール沖海戦」の4つの海戦からなり、日本側作戦名は「捷一号作戦」であり、米軍側作戦名は「キングII作戦」です。
- 作戦名「天一号作戦」は沖縄方面航空作戦のことであり、その一環として戦艦「大和」以下の第二艦隊（第一遊撃部隊）が沖縄に向かいました。この海戦を「坊ノ岬沖海戦」といいますが、一般には「大和特攻」のほうが話が通ります。「菊水作戦」と混同している方もいますが、これは航空機の特攻作戦です。

このように軍事・歴史に興味のない方には、非常にとっつき難く、何から調べればよいのかわからなくなります。国内の資料を探すのであれば、日本側名称で大丈夫ですが、もし海外の資料まで探すのでしたら、相手側の呼称が何なのかを知らないと、調べようがありません。

地名の問題

さらに、資料に記載された地名が現在のどこにあたるのかとの問題にも突きあたります。兵籍（簿）の解説のところでも記しましたが、中国の地名は読むのが困難ですし、ビルマは現在ではミャンマーです。手作り履歴書記載の「セレタ軍港」は「セレター軍港」と伸ばして発音する方もいます。いろいろな可能性を考えて特定作業を進めてください。

軍歴資料自体の間違いも散見されます。軍歴資料が正しいとは限らない例として、履歴書では上陸地が宇品（広島県）とありますが、除隊召集解除者連名簿では佐世保、留守名簿では宇品上陸ともあります。以上を見た上で、その当時の県の担当官が宇品上陸と判断し、履歴書を宇品としたと考えられますがどちらが正しいかは謎です。

部隊の規模も考慮する

手作り履歴書に出てくる第49師団は、師団司令部・歩兵3個連隊（106・153・168）・捜索、山砲兵、工兵、輜重兵各1個連隊・通信隊・衛生隊・兵器勤務隊・野戦病院（1・2・4）・病馬廠・防疫給水部で編成されており、これらは皆「狼○○○○」（○は数字）の通称號が振られています。

部隊の動きを書いた書籍を探す場合の注意点として、どの規模の部隊の話なのかを考えないといけません。歩兵第49師団の場合ですと、師団を書いたものに『ビルマ助っ人兵団

―狼第四十九師団と友軍部隊のビルマ戦記（上・下）』（沖浦沖男編著）があり、歩兵第１０６連隊を書いたものに『歩兵第百六連隊史』（森本儀一）があります。また、緬甸方面軍の動きであれば『ビルマ戦記―方面軍参謀 悲劇の回想』（後勝）があります。ビルマの話だからといって本書から入ると、その記載は軍・師団等の大きな部隊の話がメインですので戸惑います。もっともビルマ全般の流れを知りたいのであれば、軍の動きがわかるこの本が参考になります。さらに戦局全般を知りたいのであれば、大量に出版されている本の中から、自分が探すものにあった本を見つけることになります。

なお、歩兵第49師団はビルマ進出の途中、敵潜水艦の攻撃で輸送船2隻を沈められ、１千数百人の犠牲を出しているので、「戦艦大和・武蔵」で輸送された歩兵第１０６連隊は運がよいかもしれません。

上記の書籍に「ビルマ助っ人兵団」とあるのは、師団が方面軍直轄ということから、一部の部隊が分割されて苦戦している方面の助っ人として使われたからです。

現地の気象・地勢も考慮する

さらには、現地の気象地勢を調べないと見えてこないことがあります。例えば、ビルマにはジャングルあり、砂漠あり、大河あり、雨季乾季の大きな気象の変化もあります。

他にも「第51師団所属でニューギニアにおいて凍死」といわれても、南の国で凍死？とピンとこないと思いますが、戦況が思わしくなく激戦地から撤退するいわゆる「転進」の際、赤道直下にもかかわらず山頂付近は氷点下となるようなサラワケット山系を越えたため、多くの餓死凍死者を出したようです。
対象者が何処でどんな体験をしたのか、調べるのは大変な作業となりますが、想像はその分だけ大きく広がります。

検証結果

検証の結果、都道府県から交付された履歴書の記載は一部を除き、事実に合致していました。本人の証言⑥「インパール作戦に参加した」は、その作戦期間が昭和19年3月～7月であり、この履歴の方がビルマ入りしたのが、昭和19年9月のタイ国バンコックでの軍旗祭の後である可能性が高いので、これは記憶違いでしょう。

証言②「現役で甲種合格だと胸を張っていた」については、臨時陸軍軍人（軍属）届より現役と判明しますが、甲種合格かどうかについては、資料からは判明しません。

証言⑦「部隊が玉砕する前に」については、結果として部隊は玉砕していません。部隊配置の関係等で、バラバラになって後退したりしており、師団が把握するメークテーラより後退中の連隊人員は約400名。しかし、連隊本部が戦車に包囲される状況では、玉砕と感じても仕方ありません。

「連隊長伝令をしていた…」については、詳細がわかりません。というのも、陸軍では、士官の身の回りの世話（掃除洗濯食事などの雑用）をする兵が配置され、これを「当番兵」と呼称しており、「伝令」は命令を伝達する人のことを指します。「歩兵第百六連隊史」にも、連隊長と同氏の当番の方の記載があります。

しかしながら、証言⑦「(伝令として)後方へ連絡に出されて生き残った」は、正に伝令の任務遂行です。また、この方のお孫さんが陸上自衛隊で「連隊長伝令(連隊本部へ臨時勤務となり、普段は専用の伝令室に待機)」「中隊長伝令(課業外の余暇の時間のみを伝令業務に使用し、普段は訓練参加)」を務めた経験があり、現在の自衛隊では「当番兵」はなく、「伝令」が雑用をこなすとの話でした。

旧日本軍と自衛隊は同じく国防の任にあたる武装組織なので、階級や部隊規模を現在の自衛隊にあてはめて比較する場合がありますが、階級名称や部隊規模・名称が違いますので、注意が必要です。

例えば、旧陸軍の歩兵連隊は陸上自衛隊の普通科連隊にあたりますが、陸軍の各部隊の結節は「連隊」－「大隊」－「中隊」であり、陸上自衛隊の普通科連隊ですと「連隊」－「中隊」となり「大隊」はありません(師団内の施設大隊や通信大隊、特科連隊内の特科大隊や、空挺団内の普通科大隊など、大隊という単位はあります)。自衛隊の部隊名称については、歩兵は普通科、砲兵は特科というように、なるべく軍をイメージさせる名称を避けていますので、混乱するかもしれません。

証言⑧についても上記と同様です。歩兵第106連隊は移動間に空襲を受けていますし、戦車相手に地上戦も行っていますので、タコつぼ掘りは当然でしょう。

戦記を読んでいますと、連隊本部から「命令受領者集合!」との号令がかかる場面があります。連隊本部の周辺に、命令受領に備えて各部隊から命令受領者が派遣されており、この受領者を通じて連隊の指揮下にある部隊は命令を知る場合があります（当然、各級指揮官が直接連隊本部に行く場合もあれば、無線・有線通信での命令受領もあります）。これらの人員を使用して、タコつぼを掘らせた可能性もあります。

証言⑨「ポツダム伍長」については、ウィキペディアの記載によると、次のようにあります。

ポツダム進級（ぽつだむしんきゅう）とは、大日本帝国陸軍、大日本帝国海軍が1945年8月15日のポツダム宣言受諾後に軍人の階級を一つ進級させたこと。退官手当や恩給がなるべく多くもらえるようにするために行った。ポツダム進級で昇進した階級は、ポツダム少尉、ポツダム少佐など、「ポツダム」を階級の前に入れた俗称で呼ばれる。

この方の場合、昭和20年11月の「入院患者名簿」ではまだ階級が上等兵であり、「乗船者名簿」添付の除隊召集解除者連名簿及び、留守業務局用の「留守名簿」では伍長となっていますが、進級時期は不明です。

証言⑩マラリアについては、「入院患者名簿」が3枚交付され、1枚目「マラリア兼急性腸炎」、2枚目「右足大傷兼マラリア」（128ページ参照）、3枚目「マラリア兼疥癬」（疥癬と思われるが、原本は漢字の判読が困難）と記載があります。マラリア罹患の話は、戦記によく登場します。

ウィキペディアによると「熱帯から亜熱帯に広く分布する原虫感染症。高熱や頭痛、吐き気などの症状を呈する。悪性の場合は脳マラリアによる意識障害や腎不全などを起こし死亡する。」とのことです。

証言⑪「歩兵第百六連隊史」の記載によると、「敵戦車が味方陣地内に突入している状況」がメモの通りです。手作り履歴書に戦闘の様相を歩兵百六連隊史から抜き出し、記載してあります。

※この方の証言として、連隊長伝令として「後方へ連絡に出されて生き残った」理由が「海軍工廠時代に水泳大会で優勝したので、海軍中将から感状をもらった。陸軍としては、海軍中将の感状を持つ兵隊を殺すわけにはいかないので、生き残された」とも語っています。この証言は大変興味深いものの、裏づける資料が何もないので、記載していません。

5-3

所属部隊の動きを調べる（公的資料）

本章5-2で、所属部隊から履歴書を埋めた例を記載しました。これらを調べるにあたり利用した資料の保管先や書籍を紹介します。

公的資料としては、これまで紹介した、都道府県・厚生労働省の軍歴資料が最初のとっかかりとなります。なかでも厚生労働省より交付される「部隊略歴」は、正に所属部隊の動きそのものです。すべての部隊について作成されているわけではありませんが、都道府県のみに軍歴資料の請求をしていた方も、厚生労働省へも併せて軍歴資料を請求し、ここから調べていくことをお勧めします。

以下、詳しく解説しましょう。

①「部隊略歴」厚生労働省交付資料

該当者が所属していた部隊、あるいは該当者が関係した部隊の行動の概要を記載したものです。

編成から復員までの日付と共に、参加した作戦や、編成の改正、行動等が記載されています（第3章3-3例⑤［82ページ］を参照）。記載されている内容が、「○○に警備地移駐」や「○○師団の隷下に入り」「○○軍の戦闘序列に入る」「○○作戦参加」等と簡潔に書かれているので、その部隊、作戦がどのようなものなのかは、自分で調べるしかありません。

②「戦史叢書」朝雲新聞社

以下、ウィキペディアからの引用です。

『戦史叢書』とは防衛研修所戦史室（現在の防衛省防衛研究所戦史部の前身）によって1966年（昭和41年）から1980年（昭和55年）にかけて編纂され、朝雲新聞社より刊行された公刊戦史である。…

陸軍68巻、海軍33巻、共通年表1巻、全102巻から構成され、別に図・表類が付属する。一時期、『大東亜戦争叢書』『太平洋戦史叢書』とも呼ばれたが、その後単に『戦史叢書』と表記され、一般では『公刊戦史』と呼ばれる。冊付録の表記は『大東亜（太平洋）戦争戦史叢書』。刊行の目的としては「自衛隊教育又は研究の資とすることを主目的とし、兼ねて一般の利用にも配慮した」とされている。

記述の元となったのは、戦中に占領軍の接収から秘匿されて残された大本営内部の文書（大本営陸軍部戦争指導班『機密戦争日誌』など）と、引き揚げてきた部隊の関係者が執筆を求められて執筆した準公式の報告書、及び、自発的に執筆された私的な回想録、米国より返還された戦闘詳報などの日本軍作成文書が主であり、「対抗戦史」として外国の文献も参照して執筆されている。
戦後20年程度しか経過していない時点で刊行が開始されたため、その後に誤りも指摘されているが（特に対ソ関係やノモンハン事件に関する箇所）満州事変・日中戦争から太平洋戦争について研究する者にとっては最重要の基礎史料の一つとされる。ただ、現代から見ると、師団以下のレベルの細かな要所要所の作戦経過が記述の中心を占め、戦争指導の根本的なあり方や、それをめぐる議論とその経過分析については不足の観を免れない。このことは刊行当時から戦史部員経験者達からも指摘されている。

この記載の通り「公刊戦史」であるため、「部隊略歴」に記載された作戦をたどることができます。

しかしながら、全１０２巻が時系列で並んでいるわけではないので、該当箇所がどの巻にあるのか見当をつけてから調べないといけません。例えば、ビルマ関係の作戦について調べたいのであれば「5　ビルマ攻略戦」「15　インパール作戦　ビルマの防衛」「25　イラワジ作戦　ビルマ防衛の破綻」「32　シッタン・明号作戦　ビルマ戦線の崩壊と泰・仏印の防衛」「31　ビルマ・蘭印方面第三航空軍の作戦」などがあり、さらに関連する「軍備」「兵器」「海軍」関係まで調べようとするのであれば、該当する別の巻を探さないといけませんので、それなりの知識がない方には、読むことはお勧めできません。

また、現在は販売を終了しており、入手したいのであれば古書店で買う等しなければなりません。ただ、国立国会図書館を始めとして防衛研究所史料閲覧室や一部の専門図書館、大学図書館、都道府県や政令指定都市レベルの中核となる図書館等の自治体図書館、および靖国神社靖国偕行文庫室等には全102巻が保管され閲覧可能です。

③ 防衛研究所 [東京都新宿区市谷本村町5-1]

防衛研究所ホームページの紹介文に、「防衛研究所は、防衛省の政策研究の中核として、主に安全保障及び戦史に関し政策指向の調査研究を行うとともに、自衛隊の高級幹部等の育成のための戦略大学レベルの教育機関としての機能を果たしています。また、戦史史料の管理、公開等を行っており、我が国最大の戦史研究センターとしての役割も担っています。」とあるように、戦史資料の管理と公開を行っているので、一般の方でも利用可能です。

保管資料は、紹介文によると「防衛研究所では、戦史の調査研究と戦史の編さんを行うために、陸海軍にかかわる史料の収集を行いました。史料の大半は終戦時に焼却され、あるいは戦後の混乱により散逸してしまいました。焼却をまぬがれたものは米軍に押収され、米国国務省公文書部の保管するところとなりましたが、長い外交交渉の末、昭和33年4月にようやく我が国に返還され、その大部分が防衛研究所に所蔵されています。これら米国返還史料のほか、戦後厚生省復員局が整理保管していたもの、防衛研究所が自ら収集したものを含め、防衛研究所戦史研究センター史料室が保管する明治期以来の旧陸・海軍の公文書類等は約159、000冊（陸軍史料約58、000冊、海軍史料約38、000冊、戦史関連図書等約63、000冊）にのぼっております。」となっており、膨大な資料があるのですが、閲覧したい資料を探すことは自分で行わなければならず（案内の方がいるのですが、探したい調査対象者の個人名を言っても探すことはできません。「この部隊の資料はないですか？」と尋ねる程度）、ある程度探したい資料に見当をつけてからでないと、お勧めできません。

④ 靖国神社　［東京都千代田区九段北3-1-1］

靖国神社とは、ホームページに掲載されている紹介文に「靖国神社には現在、幕末の嘉永6年（1853）以降、明治維新、戊辰の役（戦争）、西南の役（戦争）、日清戦争、日露戦争、満洲事変、支那事変、大東亜戦争などの国難に際して、ひたすら「国安かれ」の一念のもと、国を守るために尊い生命を捧げられた246万6千余柱の方々の神霊が、身分や勲功、男女の別なく、すべて祖国に殉じられた尊い神霊（靖国の大神）として斉しくお祀りされています。」とあるように、国家のために尊い命を捧げられた人々の御霊を慰め、その事績を永く後世に伝えることを目的に創建された神社です。

その保管資料については、同じくホームページ紹介文では「靖国偕行文庫には現在、靖国神社の蔵書を併せ約13万冊の図書資料が収蔵されています。…蔵書の多くは戦史・戦記・部隊史・教程・教範類・英霊の追悼録・回想録等の日本近代軍事史関係資料です。」とある通り、各種資料が保管されていますが、閲覧室の書籍以外は閉架式ですので、閲覧したい資料を、自分で図書目録か備え付けのパソコンで検索したうえで、職員の方に申し出なければなりません。調査対象者が靖国神社に祭神として祀られていれば、職員の方が資料の探し方から相談を受けつけてくれます。

⑤ その他の施設等

・昭和館（厚生省・社会援護局）【東京都千代田区九段南1－6－1】

ホームページには「昭和館は、主に戦没者遺族をはじめとする国民が経験した戦中・戦後（昭和10年頃から昭和30年頃までをいいます）の国民生活上の労苦についての歴史的資料・情報を収集、保存、展示し、後世代の人々にその労苦を知る機会を提供する施設です。」と紹介されています。

・しょうけい館（厚生労働省・財団法人日本傷痍軍人会）【東京都千代田区九段南1－5－13】

日本の傷痍軍人に関する史料の収集・保存・展示を行っています。

東京近郊以外の方だとこれらの施設の利用が限られますが（資料のコピーを郵送してくれるところもあります）、地方でも図書館や郷土資料館に資料がある場合があるので、都道府県の担当者に尋ねてみましょう。

・アジア歴史資料センター（国立公文書館）ホームページ

ホームページには「センターが提供する「アジア歴史資料」は、近現代における我が国とアジア近隣諸国との関係にかかわる歴史資料として重要な我が国の公文書、その他の記録を指します。現在、外務省外交史料館、防衛省防衛研究所、国立公文書館のアジア歴史資料を順次デジタル化して公開しています。公開する資料は、それらの機関が保有している元の文書を、そのまま提供しています。また、これら3機関の資料を同時に検索することができる等、利用者の利便性に配慮されたものになっております。」とあり、無料で資料の閲覧ができます。

5－4

所属部隊の動きを調べる（公的資料以外）

所属部隊の動きから調べていくにあたり役立つ、公的資料以外の資料について紹介します。

① インターネット（ウィキペディア・個人のホームページ）

対象者の所属していた部隊名を検索キーワードとして打ち込むと、ウィキペディアの記載内容が結果の上位に表示されると思います。すべての部隊の記載があるわけではありませんが、対象の部隊があれば沿革が記載されています。また、場合によっては、書籍の通販ページ（Ａｍａｚｏｎ等）に、その部隊に関する書籍があるかもしれません。個人のホームページにも参考になる情報が記載されている場合があります。

② 戦友会

同じ部隊や地域で活動した元軍人の方々の民間団体で（遺族などの関係者や研究者も会員に含まれます）、慰霊や親睦を目的としていましたが、会員の高齢化により解散する例が多くなっています。調査するにあたり参考になる会報等が靖国神社等に保管されていることもあります。

戦友会によっては、独自のホームページを持っているところもあります。都道府県の担当者が連絡先を把握している場合があるので、尋ねてみましょう。日本の歩兵連隊は郷土部隊（連隊区）が多いので、地方によっては「○○県郷土部隊史」等が作られるなど、地域と戦友会とのつながりが強いのです（近衛師団のように連隊区ではなく、全国から兵員が選抜される部隊もあります）。

そして戦友会に関しては、「戦友会研究会」のホームページが充実しているので、ぜひご覧ください。

③ 一般書籍

ある部隊の「部隊史」や、部隊で体験したことを記した個人の「戦記」が参考になります（参考文献一覧は、２０４ページに掲載）。

例えば第49師団関係ですと、前出の『ビルマ助っ人兵団』が師団全般の動きについて書かれています。同じく前出の『歩兵第百六連隊史』や『破れ狼』（福谷正典、連合出版）が師団の隷下部隊について書かれています。前著が歩兵第１０６連隊について、後著が山砲兵第49連隊についてです。

『軍犬ローマ号と共に』（志摩不二雄、光人社）や、『ビルマ軍医戦記』（三島四朗、光人社）は、師団に所属した一兵士・軍医としての記録が綴られています。

大きな部隊や地域を主題とした本であれば、作戦や戦闘の経過がメインで、個人の戦記であれば体験者の身の回りで起こった悲喜劇がメインとなりますので、当時の世界情勢や軍事知識、生活環境や思想を知らないと、これまたとっつき難いものでしょう。

調査対象の方が海軍であれば、陸軍の方に比べて部隊に関する資料がある確率が高くなります。また、海軍艦艇や戦闘経過について書かれた本が数多く出版されています。陸軍となると初心者向けの解説本は極端に少ないので、部隊の動きを調べるのは難しくなります。

それでも、光人社から出ている「物語シリーズ」は、イラスト入りで文章も軽妙であり、戦車や歩兵、航空などジャンルに分かれているので手に取りやすいでしょう。当然ながら「戦時」の「陸海軍」について書かれているものが多いのですが、中には『陸軍よもやま物語』（棟田博）のように昭和初期の「平時」の陸軍について書かれた、「平時」の兵営の生活がよくわかるものもあります。

この「物語シリーズ」は若干古いもので、調査している方が若い方で、陸軍関係の入門書として役立てたいのであれば、イカロス出版から出ている『ドキッ 乙女だらけの帝國陸軍入門』（堀場亙）という書籍もあります。

「軍属」に関して書かれた本は、陸軍・海軍を扱った本に比べると極端に少なく、残念ながら『海軍工員記』（森岡諦善、光人社）、『従軍看護婦物語』（水井潔子・水井桂、同）、『日本はなぜ敗れるのか』（山本七平、角川グループパブリッシング）等、数冊程度しか紹介できません。

コラム　レジェンド「舩坂弘」軍曹

戦争を経験していない世代から想像すると、戦争に行かれたすべての人が大変な戦いを強いられたと思います。戦争という性質上、そこに参加した方を英雄視していいかどうかについては意見の分かれるところですが、戦場でのすさまじい行動から「戦史叢書」に個人名が記載されている唯一人の軍人がいます。日本人として、こんなにすごい人間がいたという意味で簡単に紹介します。

その人の名は「舩坂弘」軍曹。伝説となっている舞台は、大東亜戦争パラオ・マリアナ戦最後の戦いである「アンガウルの戦い」。18対1という圧倒的に数で勝る米軍との戦闘で所属中隊が壊滅状況になるなか、最後まで手榴弾等を発射するための携帯兵器「擲弾筒（てきだんとう）」を打ち続け、一人で大きな被害を米軍に与えました。

その後、退却。生き残ったわずかな人数で洞窟に籠城しゲリラ戦を仕掛けていましたが、交戦中に軍医が治療を放棄し自決用の手榴弾を渡すほどの大けがを左足に負ってしまいました。そのまま戦場に放置された舩坂は傷を日章旗で縛り、夜真っ暗な中を一人這って洞窟に帰り着き、翌日には足を引きずりながらも歩けるようになるという驚異的な回復能力があったようです。

しかし、圧倒的劣勢の中、食料も水もない洞窟の中へ追い詰められ、重傷者のなかには手榴弾で自決する者もいたそうです。舩坂もとうとう這うことしかできなくなり、同様に自決をはかりますが手榴弾が不発で自決を果たせませんでした。

ここからがすごいところですが、簡単に死ねないと悟った船坂は、最後に一矢報いるため単身、体に手榴弾を巻き付け、拳銃1丁を手に数夜かけて這って移動。1万人が駐留している米軍指揮所に潜り込んだそうです。船坂は幹部が指揮所テントに集まるのを隠れて待ち、手榴弾で自爆をはかろうとしましたが、頸部を銃撃され死亡と判断されました。しかし、米軍軍医が野戦病院に搬送治療し、手厚い看護をした結果、船坂は、その3日後に奇跡的に蘇生します。またも死ねなかった船坂は、息を吹き返した病院で荒れ狂ったようです。

その後、捕虜収容所に移送されましたが、2日目には収容所を脱走。日本兵の遺体の弾丸入れから火薬を手に入れ、米軍の弾薬庫を爆破させました。再度収容された後も様々な攻撃を仕掛けますがそれは失敗に終わります。その後、終戦まで収容所を転々とさせられ、昭和21年に帰国しています。

米軍が捕虜である船坂に手厚い看護をしたことからもわかるように、米兵には船坂のような行動がまったく信じられないもので、「勇敢なる兵士」として米兵の間で伝説になりました。

以上、簡単に説明しましたが、有名な映画を思い出しませんか?

第6章 補完資料

本章では補完として、①陸軍に『召集』された方の資料、②シベリアに抑留された方の資料、③軍歴の請求書の資料を紹介します。

陸軍に召集された方の資料

■「軍歴確認書」

本書でとりあげた陸軍の方の資料は「現役」の方のみでしたので、参考に陸軍の方で「赤紙」で召集された方の「軍歴確認書」を記載します（次ページ参照）。ちなみに「現役」としては昭和10年入隊ですから、「平時」に入隊されています。しかし、臨時召集の際の部隊名の記載がないため、どこでどうしていたのかは、他の資料を請求しないと判明しない例でしょう。

- 「赤紙」で召集されるとは、軍歴の記載の昭和15年1月18日「臨時召集により自動車隊に応召」とある部分のことです。赤紙については、１８６ページの用語解説を参照してください。
- 「乙種幹部候補生」とは、予備役下士官の候補者です。
- 昭和15年9月15日の記載に「勅令第５８１号により」とある部分は、兵科が憲兵を除き廃止されたことを指し、「陸軍騎兵伍長」の「騎兵」の部分を呼称せず、以後「陸軍伍長」と呼称することになりました。
- 騎兵連隊は、軍の機械化が進むにつれてその多くは廃止され軍旗奉還となり、捜索連隊

第１３３号

軍　歴　確　認　書

氏　　名

大正　年　月　日生

年	月	日	任官・進級・昇級	記　　事
昭和10	1	20		現役兵として騎兵第１６連隊に入隊
	5	1	陸軍騎兵一等兵の階級を與う	兵科幹部候補生に採用
	8	1	陸軍騎兵上等兵の階級に進む	兵科乙種幹部候補生を命ず
11	1	19	陸　軍　騎　兵　伍　長	
11	1	19		現役満期
11	1	20		予備役編入
15	1	18		臨時召集により自動車隊に応召
	1	18		同隊編入
15	9	15	陸　軍　伍　長	勅令第５８１号により
17	1	10	陸　軍　軍　曹	
17	9	14		召集解除
				以下余白

上記のとおり相違ないことを確認します。

平成　　年　　月　　日

へと改組されました。

ソビエト連邦に抑留された方の資料

ウィキペディアには「シベリア抑留（シベリアよくりゅう）は、終戦後武装解除され投降した日本軍捕虜らが、ソ連によっておもにシベリアに労働力として移送隔離され、長期にわたる抑留生活と奴隷的強制労働により多数の人的被害を生じたことに対する日本側の呼称。」とあり、軍歴証明請求にあたっては該当者も多いと思われます。

ちなみに、新宿の平和祈念展示資料館（新宿住友ビル48階）には、「ラーゲリ（収容所）」を１／１ジオラマで再現してあり、過酷な生活の様子が展示されています。引揚げに関する展示もあります。

満州の防衛は関東軍の担当であり、昭和20年８月時点の兵力は約70万でした。これは昭和16年の開戦時の兵力とほぼ変わりませんが、その多くは、精鋭部隊が逐次南方や本土へ引き抜かれ、その穴埋めに新設の部隊（在満州の成人邦人を根こそぎ動員）や、中国戦線から編入された部隊があったためであり、日本軍の戦車・航空機は侵攻して来るソ連軍に対し一割以下、小銃や銃剣・弾薬すら不足している状況でした。これに対し、ソ連軍は欧州戦線から送りこんだ部隊を含め重装備の１５０万を超える兵力であり、ソ連政府は８月８日に日ソ中立条約を破棄し、８月９日に侵攻を開始したのでした。日本軍はポツダム宣言受諾後も、ソ連軍の攻撃が続くため自衛戦闘を継続、通信が途絶し、８月18日の停戦命令の届かない部隊などは、８月後半まで戦い続けることとなりました。

また当時日本領であった樺太南部と千島列島にもソ連軍が侵攻し、激戦が行われました。そしてソ連軍の占領地から多数の日本軍人・民間人が連れ去られ、長期にわたり強制労働をされられるという、いわゆる「シベリア抑留」が発生しました。満州・樺太・千島列島から連れ去られた人数・犠牲者数は諸説あります（厚生労働省のホームページでは、約57万5千人が抑留され、犠牲者は約5万5千人であるとしています）。

対象者がソ連抑留者であれば、都道府県や厚労省から交付される資料に以下のものがあります。

■「復7名簿」

「ソ連地区未帰還者の状況調査の件達　復第7号」によって作成された「ソ連地区未帰還者部隊別連名簿」の通称です。「ＣＣＣＰ」はソビエト連邦のことです。「處決」は処決です。

三方面軍

所属部隊	第六十二兵站警備隊（強七〇二五部隊）　67				
處決	兵種	官等	氏名	本籍（留守担当者現住所続柄名）	摘要
2156 復員 24 12 4	歩	二中 ㊙甲	大○○ ○○ ○○ ○○ ○○ ○○	○○縣伊佐郡菱刈町此花○○○ 父 ○○	◎ 22 4 18 CCCP

■「身上申告書」

戦時名簿のない復員者に対して、上陸地において自ら調製提出させたものです。ソ連関係地域の復員者に関するものが大部分で、この申告書は未帰還者調査の重要な参考資料として活用されました。

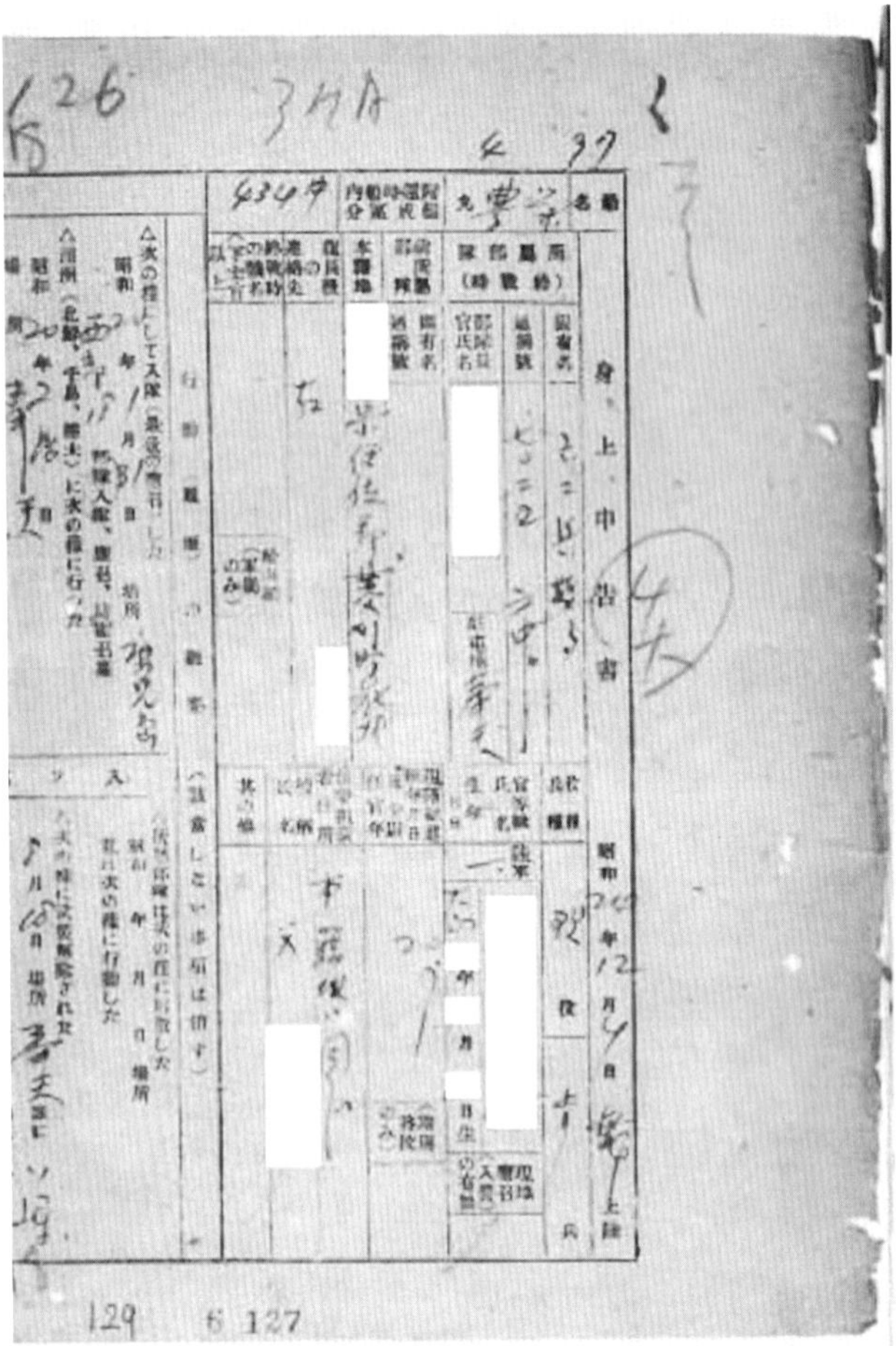

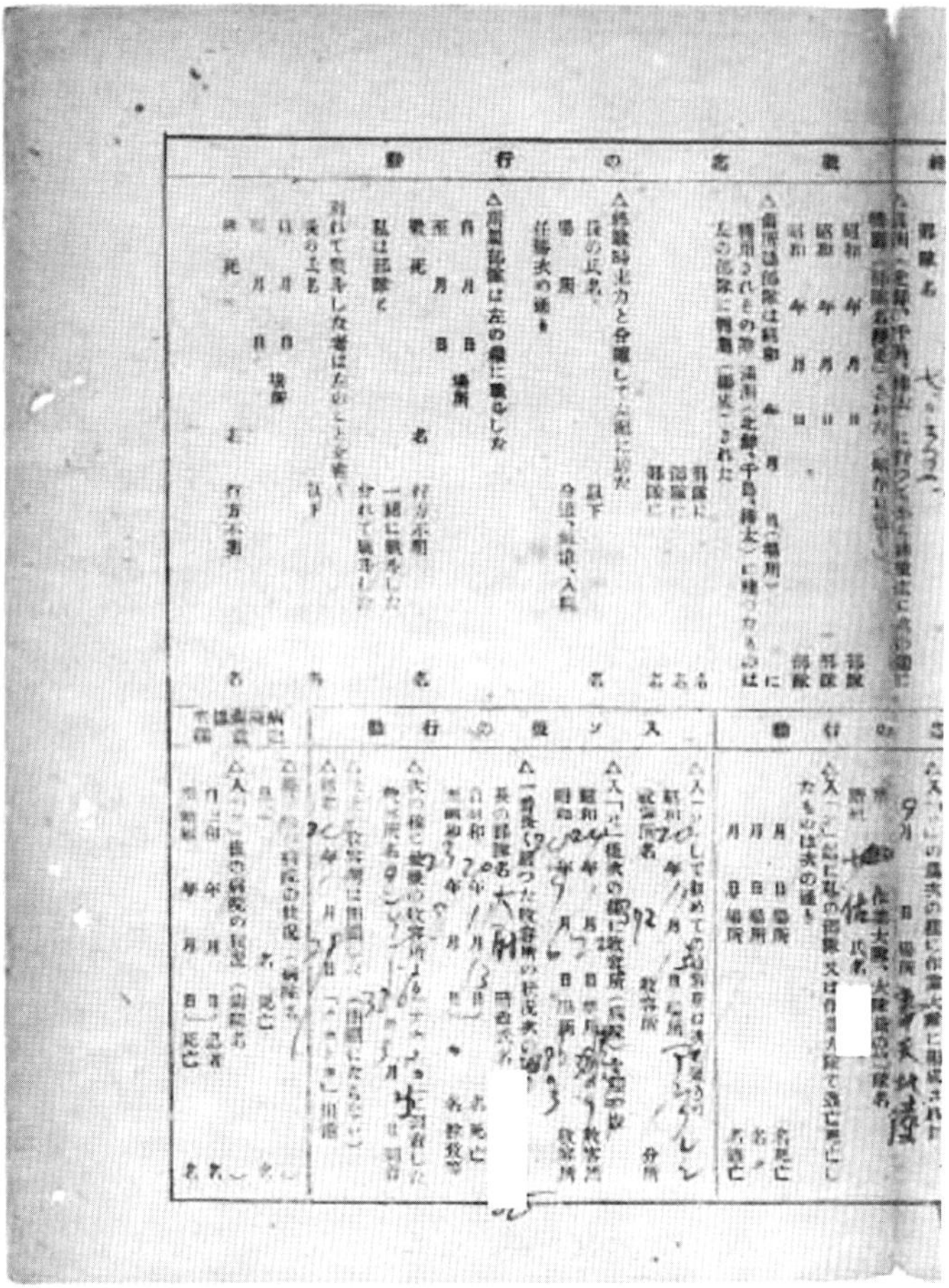
△終戦時主力と分離して左記に居た
△前記部隊は左の様に戦斗した
私は部隊と

■「抑留者カード」

ロシア連邦政府から提供された資料で、ロシア語で書かれた原本の写しと、その日本語訳がセットになっています。以下は原本です。

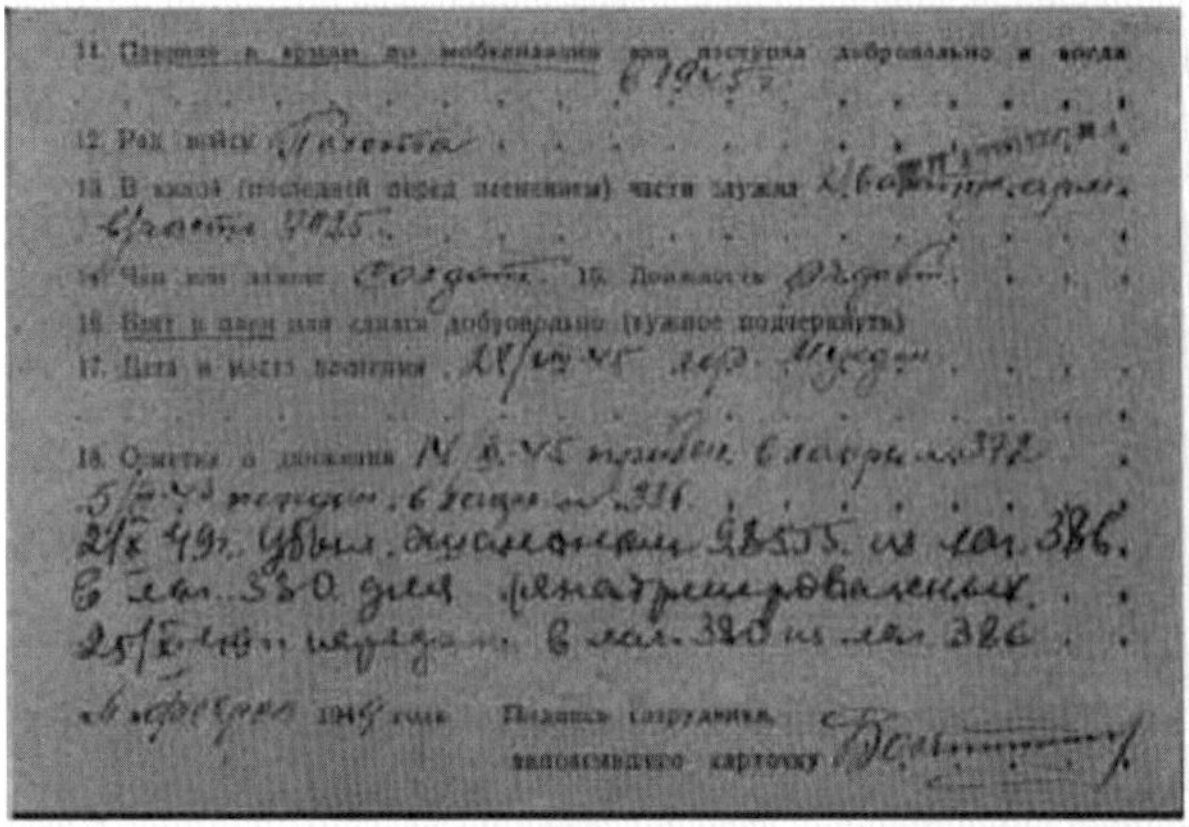

11. Призван в армию по мобилизации или поступил добровольно и когда в 1945 г.

12. Род войск Пехота

13. В какой (последней перед пленением) части служил [illegible] части 4025

14. Чин или звание солдат 15. Должность [illegible]

16. Взят в плен или сдался добровольно (нужное подчеркнуть)

17. Дата и место пленения [illegible]

18. Отметки о движении [illegible] 372

[illegible] 386

[illegible] 28555 из лаг. 386

в лаг. 380 для репатриированных

[illegible] в лаг. 380 из лаг. 386

[illegible] 1949 года Подпись сотрудника, заполнявшего карточку [illegible]

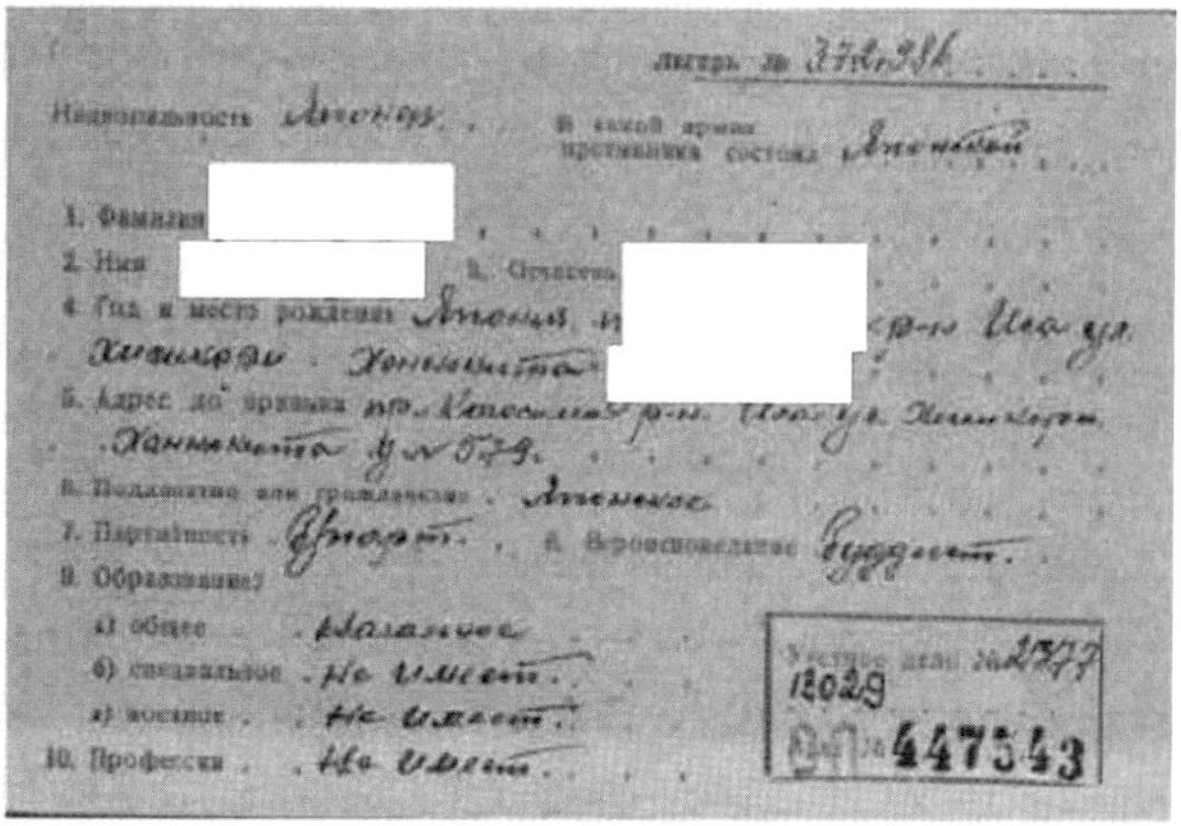

Лагерь № 378/38

Национальность Японец. В какой армии противника состоял Японской

1. Фамилия [redacted]

2. Имя [redacted] 3. Отчество [redacted]

4. Год и место рождения Японец [redacted]

5. Адрес до призыва

6. Подданство или гражданство Японское

7. Партийность 8. Вероисповедание буддист.

9. Образование:

а) общее

б) специальное Не имеет.

в) военное Не имеет.

10. Профессия Не имеет.

Учетное дело № 2377

12029

447543

なお、本書には収録していませんが、「個人資料」というものがあります。「個人資料」とは抑留者個人別登録簿のことで、当時のソ連政府が抑留者を管理する目的で作成したものです。この個人資料はモスクワのロシア連邦国立軍事古文書館が保有しており、平成12年以降に資料の写しが日本側に提供されています。

また、これらの資料に記載された第○○○収容所がどこにあったのかを示す、簡単な地図が添付されています。

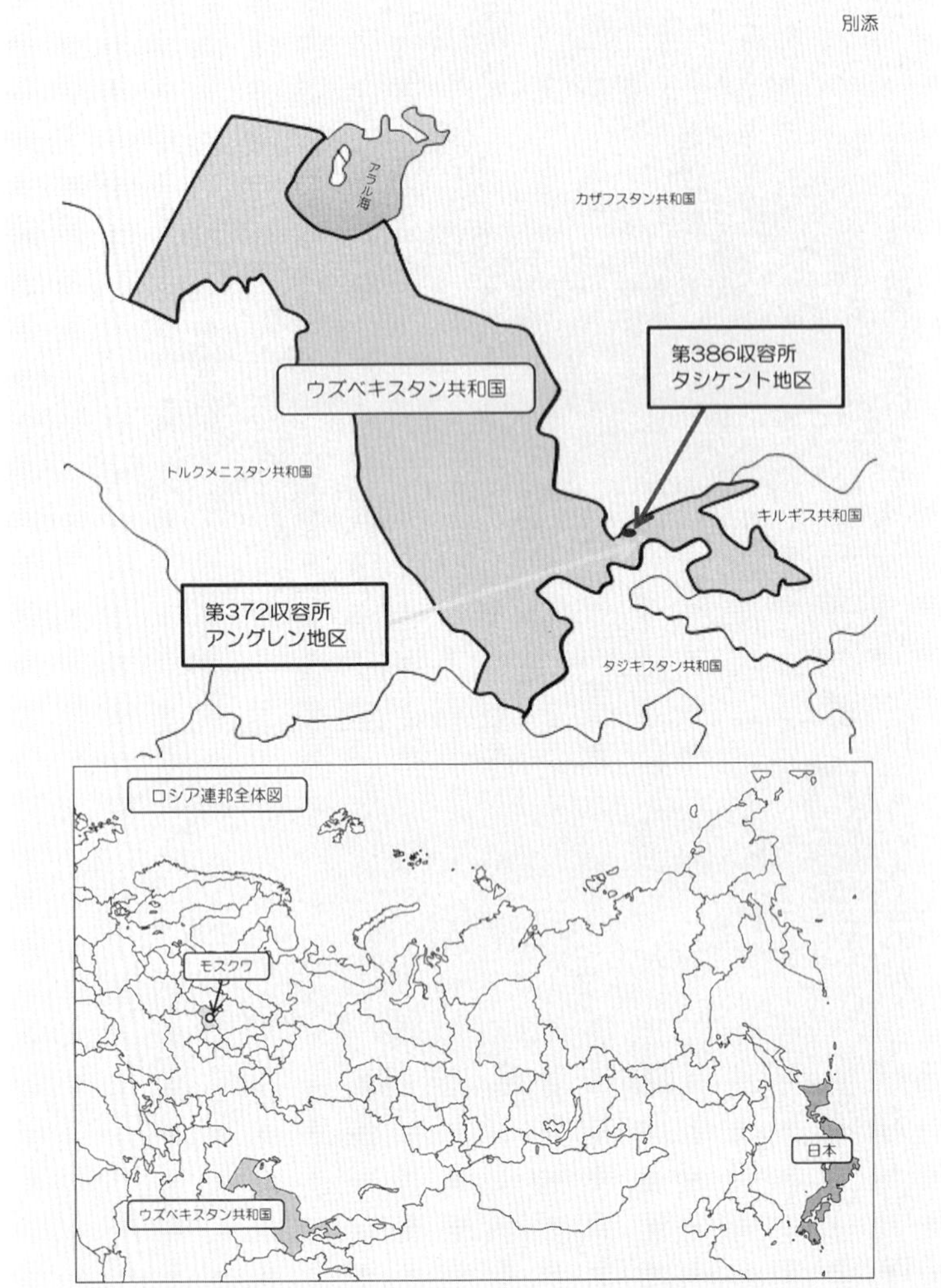

軍歴証明の請求書

厚生労働省への軍歴証明請求に使用する個人情報開示請求書と、都道府県（ここでは鹿児島県）への請求に使用する兵籍簿等交付等申請書です。

■厚生労働省用（個人情報開示請求書）

個人情報開示請求書

（請求年月日）　平成　　年　　月　　日

<table>
<tr><td rowspan="5">開示請求者</td><td colspan="2">氏　　名</td><td colspan="2"></td></tr>
<tr><td colspan="2">生年月日</td><td colspan="2">（明・大・昭・平　　年　　月　　日生）</td></tr>
<tr><td colspan="2">住　　所</td><td colspan="2">〒(　　－　　)</td></tr>
<tr><td colspan="2">電　話</td><td colspan="2">(　　－　　－　　)</td></tr>
<tr><td colspan="2">調査対象者との関係・続柄</td><td colspan="2"></td></tr>
<tr><td rowspan="7">調査の対象者（事項）</td><td colspan="2">氏　　名</td><td colspan="2"></td></tr>
<tr><td colspan="2">生年月日</td><td colspan="2">（明・大・昭　　年　　月　　日生）</td></tr>
<tr><td colspan="2">本籍地または出身地</td><td colspan="2"></td></tr>
<tr><td rowspan="4">履歴の概要（わかる範囲で）</td><td colspan="3"></td></tr>
<tr><td colspan="2">在籍区分</td><td>海軍省・横須賀・呉・佐世保・舞鶴</td></tr>
<tr><td colspan="2">兵籍番号・電報符</td><td></td></tr>
<tr><td colspan="2">退職時の官職</td><td></td></tr>
<tr><td colspan="2">調査する事項</td><td colspan="3">（例：軍歴について等）</td></tr>
<tr><td colspan="2">使用の目的・方法（具体的に記入してください）</td><td colspan="3">（例：記録保存のため、家系図の作成のため等）</td></tr>
<tr><td colspan="3">対象者の刑罰、病歴等に関する事項が記載されていた場合</td><td colspan="2">開示希望　・　開示を希望しない</td></tr>
</table>

都道府県用（鹿児島県）

別記様式

兵籍簿等交付等申請書

平成　　年　　月　　日

鹿児島県保健福祉部
社会福祉課長　殿

氏　名《ふりがな》
住　所
連絡先電話〔　　－　　－　　〕

下記の者に係る資料の交付等（軍歴証明，資料の閲覧，資料の交付，消息調査）を申請します。　※該当箇所を○で囲んでください。

<table>
<tr><td>旧軍人･軍属等氏名《ふりがな》</td><td colspan="2"></td><td rowspan="2">旧氏名《ふりがな》
改姓等年月日
（　　　　）
※改姓，改名のある場合のみ記入</td></tr>
<tr><td>終戦時身分・階級
(例:陸軍工員，兵長等)</td><td colspan="2"></td></tr>
<tr><td>生　年　月　日
※該当元号を○で囲む</td><td colspan="3">明・大・昭　　年　　月　　日</td></tr>
<tr><td>終戦当時の本籍地
※大字まで記入</td><td colspan="3">鹿児島県</td></tr>
<tr><td>用　途・目　的</td><td colspan="3">（例：○○への提出資料として履歴が必要，戦史作成のため 等）</td></tr>
<tr><td>交付文書等の内容
※軍歴証明の場合，記入不要</td><td colspan="3">（例：所属部隊がわかる資料，戦没地がわかる資料 等）</td></tr>
<tr><td rowspan="5">旧軍人･軍属等との続柄及び確認資料
※続柄欄の該当する数字を○で囲む</td><td>申請者</td><td colspan="2">確　認　書　類</td></tr>
<tr><td>1 本人</td><td colspan="2">・身分証明書，運転免許証，保険証等(以下，身分証明書)のいずれかの写し</td></tr>
<tr><td>2 本人の3親等以内の親族</td><td colspan="2">・申請者の身分証明書の写し
・続柄を確認できる戸籍謄本</td></tr>
<tr><td>3 本人又は3親等以内の親族の代理人</td><td colspan="2">・委任状（任意様式）
・代理人の身分証明書の写し
・本人又は親族の戸籍謄本</td></tr>
<tr><td>4 戦友又はその3親等以内の親族</td><td colspan="2">・身分証明書の写し
・使用目的を明記した書面</td></tr>
</table>

（裏面に続く）

旧軍人・軍属期間の履歴内容

大正 昭和　　年	月	日	進級・昇級等	記　　事
軍人恩給受給の有無　**有**（恩給証書番号　　　）　**無** －該当する方を○で囲む－				
［記載例］ 昭和　14年	1月	10日	二等兵	歩兵第４５連隊に入隊 中国派遣の部隊に転属
	1月	15日		門司港出帆，釜山着
	2月	上旬		国境通過，上海着
18年	春頃		上等兵	博多港上陸，召集解除　等

1　入隊（応召），除隊，進級，所属部隊名，転属の状況，出帆港，上陸地名国境通過等を年月日順に記入すること。（記憶の範囲内で構いません。）

2　軍歴証明の発行を希望する場合，軍隊資料やその他の裏付資料をお持ちでしたら，原本を提示してください。

用語解説／窓口一覧／参考文献

軍歴資料を読むと、「役種」だとか「通称號」などの専門用語や現在では使わない言葉に出くわしますし、陸海軍約70年の歴史の中で階級や部隊なども変化します。旧軍人軍属であった父親や祖父等から聞く話の端々にも、聞きなれない言葉がありました。陸軍であれば「ゴボウ剣を腰に」だとか「ゲートル巻くのにコツが」など、海軍であれば「甲板掃除にソーフで」とか「バッターが辛かった」など、軍属であれば「判任官だった」などなどです。

旧軍で使われていた用語をすべて解説することは不可能ですので、ここでは軍歴資料に関係の深いものと本書で使用した用語を中心に解説します。

・兵籍

軍籍に入れられた者の戸籍にあたるもので、陸海軍の別・士官、下士官兵の別等により保管先が異なる。

・兵籍番号（入籍番号）

徴兵・志願兵で海兵団に入ると、その海兵団のある鎮守府ごとに兵籍番号がつけられる。佐世保海兵団に徴兵で入団した場合「佐徴水〇〇〇〇〇番」となる。「佐」は佐世保、「徴」は徴兵で、志願であれば「志」となり、そのあとにつく「水」は兵種を表し水兵だが、機関兵であれば「機」整備兵は「整」等がつく。下士官・兵は兵籍番号だが、士官・特務士官・准士官は電報符という番号が該当する。

・文官

官吏（一般の役人）の内、武官以外の者。高等官（親任官・勅任官・奏任官）と判任官がある。

・武官

職業軍人である士官・下士官を指す言葉で、兵は武官ではない。官吏の等級である高等官（親任官・勅任官・奏任官）が士官であり、判任官が下士官にあたる。

・官吏

官公庁に勤める者は、官吏とそれ以外の者（雇員・傭人等）に分類される。官吏は文官武官の他、高等官と判任官に分類される。

・高等官

高等官は親任官、勅任官、奏任官に分かれる。陸海軍の大将は親任官であり、少尉は奏任官六等（高等官八等）。

・判任官

准士官・下士官は判任官にあたり、判任官一等が陸軍准尉・海軍兵曹長、判任官四等が陸軍伍長・海軍二等兵曹にあたる。

・留守部隊

部隊が戦地に派遣されたあと、もとの所在地において補充業務等を担当する部隊。

・連隊区

区域内の徴兵・召集等の業務を行う。師団管区の下に置かれ、地名を冠した名称で連隊区司令部を持つ。昭和16年以降1府県1連隊区となる。

・鎮守府

横須賀・呉・佐世保・舞鶴（一時期要港部に格下げ）の各軍港に設けられた施設であり、それぞれの海軍区内の防御・警備・教育等を担当する。海軍の特務士官・准士官・下士官・兵は本籍地を管轄する鎮守府に籍を置くことになる（志願者は、志願時の地域を管轄する鎮守府）。略称は、ヨコチン・クレチン・サセチン・マイチン。

・士官（将校）

少尉以上の高等官の武官。尉官・佐官・将官に分かれ、将校とも呼ぶが、陸軍と海軍では将校の定義が違う。

・将校

陸軍では、兵科の士官が将校であり、経理部や衛生部の士官は将校相当官であったが、後に将校と各部将校となった。海軍では特務士官を除く、兵科の士官のみ将校であったが、後に機関科士官も将校に含まれた。

・准士官

士官に準じる待遇を受けるもの。陸軍であれば、准尉（以前は特務曹長）であり、海軍であれば、兵曹長がこれにあたる。

・下士官

士官と兵の間の判任官の武官。終戦時の陸軍では曹長・軍曹・伍長であり、終戦時の海軍では、上等兵曹・一等兵曹・二等兵曹。

・兵

下士官より下の階級のもので、武官ではない。兵と卒に分けられていた時代もある。終戦時の陸海軍では兵長・上等兵・一等兵・二等兵。

・復員

召集を解除されることで、陸軍では復員、海軍では解員というが、昭和20年の敗戦による召集解除は陸海軍問わず復員とされた。

・復員省

復員業務を担当した。昭和20年11月30日陸海軍省は廃止され、12月1日陸軍省は第一復員省へ、海軍省は第二復員省へ改組した。昭和21年6月15日両省を統合して復員庁が置かれた。

・海軍陸戦隊

明治の一時期海軍には海兵隊があったが廃止された。艦の乗組員で編成され、武装して陸地に派遣されるものが陸戦隊であり、艦の名前を取って「○○陸戦隊」、艦隊では「第○艦隊連合陸戦隊」と呼ばれる。鎮守府の海兵団等の人員で編成されるのは特別陸戦隊であり、鎮守府の名前を取って「佐世保鎮守府第○特別陸戦隊」等と呼ばれる。特別陸戦隊によっては、戦車や砲などの重火器を装備した部隊もある。

・兵科

専門の職務の区分のこと。陸軍では、憲兵・歩兵・騎兵・砲兵・工兵・航空兵・輜重（しちょう）兵の各兵科と経理部・軍医部・獣医部・軍楽部の各部に分かれていたが、昭和15年に兵科の中の区分は憲兵を除き廃止された。海軍では、水兵科・機関科・飛行科（元航空科）・整備科（元航空科）・工作科の兵科と看護科・主計科・技術科・法務科・軍楽科があった。

※陸軍少将以上は兵科の区分がなく、海軍士官は戦時中に兵科・機関科が統合など、それぞれ年代・階級により違いがある。

・**兵種**

兵科に適格者を充てるための、徴集する際の区分。陸軍では、歩兵・騎兵・戦車兵・野砲兵・山砲兵・騎砲兵・野戦重砲兵・重砲兵・機動砲兵・情報兵・気球兵・工兵・鉄道兵・船舶兵・通信兵・飛行兵・高射兵・迫撃兵・輜重兵・兵技兵・航技兵・自動車兵・衛生兵。

海軍では水兵・飛行兵・整備兵・機関兵・工作兵・軍楽兵・主計兵・看護兵（衛生兵）。

・**編制、編成**

「編制」は勅命により永続性をもつ組織のこと（例：平時編制、戦時編制）。「編成」は部隊を組み合わせたり、編制を取らせること（例：編成完結式）。

・**総軍・方面軍・軍**

戦時に編成される部隊の単位。総軍は隷下に方面軍を持ち、方面軍（番号又は地名）は隷下に軍（番号）を持ち、軍は師団以下の部隊を隷下に持つ。例：沖縄に司令部を置いた第32軍は隷下に第24、28、62の3個師団、第44、45、59、60、64の5個独立混成旅団を持ち、上級部隊は第10方面軍。

・**師団・連隊・大隊・中隊・小隊・分隊**

師団は平時において最大の部隊であり、師団司令部、歩兵3～4個連隊、砲兵連隊、工兵連隊、輜重兵連隊、捜索連隊、通信隊、野戦病院等の各部隊を隷下に持つ諸兵科連合部隊。

歩兵連隊の編制で例えると以下の通り。

連隊は通常3個大隊で編制
大隊は3～4個中隊で編制
中隊は3～4個小隊で編制
小隊は3～4個分隊で編制
分隊は10人程度で編制

なお、戦時・平時の違い、年代や部隊の違いによって、その内容は変化する。

・兵団

日本陸軍部隊の単位は軍、師団、旅団、連隊、大隊等であるが、戦時に部隊を特定されにくくするため「第○師団第○○連隊第○大隊○○中隊」を「○○兵団○○部隊○○隊」のように別の名前で表す。兵団は師団や旅団を表す単位で、部隊は連隊や大隊、隊は中隊や小隊を表す。これは各部隊によってそれぞれ特徴があるので、敵に知られないようにするため。

例えば、第二師団は日露戦争の際に師団規模の夜襲を敢行したため「夜襲師団」の異名で呼ばれ、ガタルカナルの戦いにおいても敵飛行場へ夜襲を敢行している。また、第五師団や第四八師団は機械化され揚陸訓練を施されており、南方攻略のための重要な部隊であった。

※○○の部分は指揮官の名字や兵団文字符、数字が入れられるが、詳しくは「通称号」の項を参照。

・旅団

師団よりも小さい部隊の単位。戦車旅団、独立混成旅団、海上機動旅団等がある。

・通称号

外地出征部隊名を秘匿するためにつけられた漢字と数字。軍・師団・旅団等には、漢字1文字又は2文字の兵団文字符をつけ、連隊等には数ケタの数字の通称番号をつける。隷下の中隊等には隊長名がつけられる。内地の補充部隊等には軍管区の東部、西部等が頭につけられ番号が振られていたが、後に外地出征部隊と同様になった。

〈例：満州に派遣された歩兵第一連隊の通称号〉

歩兵第一連隊は第一師団の隷下にある。第一師団の兵団文字符は「玉」、隷下の歩兵第一連隊の通称番号は「五九一四」なので、通称号は「満州派遣玉五九一四部隊」となる。

通称号が使われる以前（昭和12年～昭和15年）の外地出征部隊には、「○○兵団○○部隊○○隊」のように部隊長名がつけられていたが、隊長が戦死や転任すると混乱するため、通称号に変えられた。

※師団旅団は「兵団」、連隊大隊は「部隊」、中隊小隊は「隊」。

・軍旗

陸軍では歩兵連隊旗・騎兵連隊旗のことを指す。軍旗（連隊旗）は宮中で天皇から下賜され、天皇の分身として神聖なものであり、部隊の精神的支柱である。

・階級

軍隊における等級。日本軍では元帥は明治時代の一時期を除いて階級ではなく、称号。時代によって変更がある。

〈昭和20年終戦時陸軍〉

大将・中将・少将・大佐・中佐・少佐・大尉・中尉・少尉・准尉・曹長・軍曹・伍長・兵長・上等兵・一等兵・二等兵

※准尉は昭和7年以前では特務曹長、兵長は昭和15年に新設。

〈昭和16年開戦時海軍〉

大将・中将・少将・大佐・中佐・少佐・大尉・中尉・少尉・兵曹長・一等兵曹・二等兵曹・三等兵曹・一等兵・二等兵・三等兵・四等兵

〈昭和20年終戦時海軍〉

大将・中将・少将・大佐・中佐・少佐・大尉・中尉・少尉・兵曹長・上等兵曹・一等兵曹・二等兵曹・兵長・上等兵・一等兵・二等兵

・**下士官適任証書**

陸軍の優秀な上等兵（伍長勤務上等兵）等に与えられた。兵長の階級が新設されると、下士官適任証書所持の上等兵（在郷軍人）、伍長勤務上等兵は兵長となった。のち、伍長勤務兵長ができる。

・**伍長勤務上等兵**

陸軍現役の間伍長として勤務させること。予備役となると上等兵。

・**特業兵**

陸軍には、技能・性格に合わせて、銃工兵・靴工兵・縫工兵・蹄鉄工兵・鳩兵・喇叭兵等があった。

・**族称**

華族・士族等身分のこと。

・**寄留地**

本籍地以外に90日以上住所または居所をおくこと。

・**兵役**

国民の義務である軍務に服すること（40歳までであったが、後に45歳までに改定）。満

20歳（後に19歳）で徴兵検査を受けるが（陸軍志願兵は満17歳から、海軍志願兵は兵種によって年齢が異なる）、全員が現役となるわけではない。「現役（徴兵だと陸軍2年、海軍3年。志願は異なる）」「予備役」「補充兵役（第一、第二）」「国民兵役（第一、第二）」の区分がある。ほかに「後備兵役」の区分もあったが、予備役に統合される形で昭和16年に廃止。

・役種

現役・予備役・補充兵役・国民兵役・退役の種別のこと。

・少年兵

14歳から志願。陸軍だと少年戦車兵・少年飛行兵等、海軍だと飛行予科練習生・海軍練習生。

・海兵団

海軍の下士官兵の教育や警備、艦船や陸上部隊への配属待ちの人員を収容していた。のちに警備任務は海軍警備隊へ移管された。

・位階

栄典の一つ。正一位、従一位、正二位、従二位（～中略～）正八位、従八位まで18階ある。

・**勲等**

栄典の一つ。叙勲。各種あるが、第3章の**3－2**③兵籍簿記載の「旭八等」は「勲八等 白色桐葉章（はくしょくとうようしょう）」のこと。

・**功級**

武功抜群の軍人・軍属のみが受章できる金鵄勲章（きんしくんしょう）。功一級～功七級。

・**特技章**

海軍は技術者が必要なので、下士官兵にも各種学校（砲術・水雷・航海学校等）で技術を学ばせた。特技ごとにデザインの違う特技章をつけた。各種学校を出た下士官兵は、特修兵、マーク持ちとも呼ばれた。

・**進級**

軍人の階級が上がること。

・**ポツダム進級**

ポツダム宣言受諾後に軍人の階級を進級させたこと。階級整理。

・定年

兵は現役を終えると満期除隊となるが、士官や下士官は定年（現役定限年齢）がある。佐官以下は陸海軍で異なる。

〈例：大将は陸海軍共通で65歳、陸軍少尉45歳・海軍少尉40歳〉

・停年

次の階級に進むために必要な年数。実役停年。陸軍の現役将校の名簿として「陸軍将校実役停年名簿」がある。

・等症（軍人軍属傷痍疾病等差）

一等症と二等症がある。一等症は公務による傷痍・疾病や、恩給法に該当する流行病等。

・徴兵検査

国民は兵役の義務があったので、満20歳（のちに19歳）で徴兵検査を受けた。軍は市町村役場から提出される壮丁名簿に基づいて、徴兵検査を行ったが、兵役は名誉であったので、6年以上の禁固刑・懲役に処せられた犯罪者は外された。検査の結果は甲、乙（第一～三）、丙、丁、戊に分けられた。

甲種＝身体頑健～健康で、現役に適する者

乙種＝第一乙種、第二乙種、第三乙種に分かれ、甲種に次ぐ者
丙種＝現役には不適だが、国民兵役には適する者
丁種＝精神・身体障害で、兵役に適さない者
戊種＝兵役の適否を、判断できない者

平時においては、甲種合格者全員が軍へ入れるわけではなく、抽選であったが、のちにこの制度は廃止された。

・壮丁

成年男子のこと。

・赤紙（召集令状）

事変や戦争となると、現役兵のみでは人数が足りないため「動員」がかかり、予備役や補充兵を召集する。臨時召集令状・充員召集令状が濃い桃色だったので、赤紙という。赤紙を配るのは役場の兵事係の仕事だが、誰を召集するかは連隊区司令部の動員課が、在郷軍人名簿により決める。

白紙の演習召集令状・教育演習召集令状、青紙の防衛演習召集令状などもある。

・在郷軍人

陸海軍を除隊した、予備役等。事変や戦時には召集される。

・**動員**
陸軍の動員は、平時編制から戦時編制に移行すること。海軍は出師準備という。

・**艦船**
海軍に所属する船は艦船であり、軍艦と軍艦以外の艦艇、特務艦艇、特設艦艇、雑役船に分かれる。軍艦は艦首に菊の御紋章をつけ、戦艦・巡洋艦（一等・二等）・航空母艦・敷設艦・潜水母艦・練習戦艦・練習巡洋艦・水上機母艦であり、駆逐艦や潜水艦、海防艦等は軍艦以外の艦艇。工作艦や魚雷艇は特務艦艇であり、特設潜水母艦等が特設艦艇。

・**徴用船**
民間船舶を借り上げること。古くは御用船といい、大東亜戦争中は陸軍徴用船を「A船」、海軍徴用船を「B船」、民需用の船を「C船」と呼んだ。

窓口一覧

（平成31年３月１日時点）

窓　口	担　当	代表電話	直通電話
厚生労働省	厚生労働省　社会・援護局　業務課　調査資料室	03-5253-1111	03-3595-2465（業務課）
北海道	北海道　保健福祉部　福祉局　地域福祉課　援護グループ	011-231-4111	011-204-5269
青森県	青森県　健康福祉部　健康福祉政策課　保護・援護グループ	017-722-1111	017-734-9278
岩手県	岩手県　保健福祉部　地域福祉課　生活福祉担当（援護・恩給）	019-651-3111	019-629-5481
宮城県	宮城県　保健福祉部　社会福祉課　援護恩給班	022-211-2111	022-211-2563
秋田県	秋田県　健康福祉部　福祉政策課　監査・援護班	018-860-1111	018-860-1318
山形県	山形県　健康福祉部　地域福祉推進課　援護恩給担当	023-630-2211	023-630-2242
福島県	福島県　保健福祉部　社会福祉課（援護担当）	024-521-1111	024-521-7923
茨城県	茨城県　保健福祉部　健康長寿福祉課　援護グループ	029-301-1111	029-301-3337
栃木県	栃木県　保健福祉部　高齢対策課　恩給援護担当	028-623-2323	028-623-3054
群馬県	群馬県　健康福祉部　国保援護課　援護係	027-223-1111	027-226-2678
埼玉県	埼玉県　福祉部　社会福祉課　援護恩給担当	048-824-2111	048-830-3277
千葉県	千葉県　健康福祉部　健康福祉指導課　遺族等援護班	043-223-2110	043-223-2346
東京都	東京都　福祉保健局　生活福祉部　計画課　援護恩給係	03-5321-1111	03-5320-4078
神奈川県	神奈川県　福祉子どもみらい局　福祉部　生活援護課　援護グループ	045-210-1111	045-210-4917
新潟県	新潟県　福祉保健部　福祉保健課　援護恩給室	025-285-5511	025-280-5180

窓　口	担　当	代表電話	直通電話
富山県	富山県　厚生部　厚生企画課　恩給援護・保護係	076-431-4111	076-444-3199
石川県	石川県　健康福祉部　厚生政策課　管理・援護グループ	076-225-1111	076-225-1411
福井県	福井県　健康福祉部　地域福祉課	0776-21-1111	0776-20-0326
山梨県	山梨県　福祉保健部　国保援護課　援護恩給担当	055-237-1111	055-223-1454
長野県	長野県　健康福祉部　地域福祉課　自立支援・援護係	026-232-0111	026-235-7094
岐阜県	岐阜県　健康福祉部　地域福祉国保課　社会援護係（社会援護）	058-272-1111	058-272-8349
静岡県	静岡県　健康福祉部　福祉長寿局　地域福祉課　援護恩給班	054-221-2455	054-221-2319
愛知県	愛知県　健康福祉部　地域福祉課　恩給援護グループ	052-961-2111	052-954-6264
三重県	三重県　健康福祉部　地域福祉課　福祉援護班	059-224-3070	059-224-2256
滋賀県	滋賀県　健康医療福祉部　健康福祉政策課　援護係	077-528-3993	077-528-3514
京都府	京都府　健康福祉部　福祉・援護課	075-451-8111	075-414-4616
大阪府	大阪府　福祉部　地域福祉推進室　社会援護課　恩給援護グループ	06-6941-0351	06-6944-6662
兵庫県	兵庫県　健康福祉部　社会福祉局　生活支援課　恩給援護班	078-341-7711	078-362-3204
奈良県	奈良県　健康福祉部　地域福祉課　総務・援護係	0742-22-1101	0742-27-8509
和歌山県	和歌山県　福祉保健部　福祉保健政策局　福祉保健総務課　社会福祉・援護班	073-432-4111	073-441-2485
鳥取県	鳥取県　福祉保健部　ささえあい福祉局　福祉保健課	0857-26-7111	0857-26-7145

窓　口	担　当	代表電話	直通電話
島根県	島根県　健康福祉部　高齢者福祉課　援護恩給スタッフ	0852-22-5111	0852-22-5246
岡山県	岡山県　保健福祉部　保健福祉課　援護班	086-224-2111	086-226-7320
広島県	広島県　健康福祉局　社会援護課　援護恩給グループ	082-228-2111	082-513-3036
山口県	山口県　健康福祉部　長寿社会課　援護班	083-922-3111	083-933-2800
徳島県	徳島県　保健福祉部　健康福祉政策課　地域共生・援護担当	088-621-2500	088-621-2170
香川県	香川県　健康福祉部　長寿社会対策課　総務・援護グループ	087-831-1111	087-832-3265
愛媛県	愛媛県　保健福祉部　長寿介護課　援護恩給係	089-941-2111	089-912-2434
高知県	高知県　地域福祉部　地域福祉政策課　援護調査担当	088-823-1111	088-823-9662
福岡県	福岡県　福祉労働部　保護・援護課　援護恩給係	092-651-1111	092-643-3301
佐賀県	佐賀県　健康福祉部　福祉課　援護恩給担当	0952-24-2111	0952-25-7058
長崎県	長崎県　福祉保健部　原爆被爆者援護課　恩給援護班	095-824-1111	095-895-2427
熊本県	熊本県　健康福祉部　社会福祉課　援護恩給班	096-383-1111	096-333-2199
大分県	大分県　福祉保健部　高齢者福祉課　長寿・援護班	097-536-1111	097-506-2688
宮崎県	宮崎県　福祉保健部　指導監査・援護課　援護恩給担当	0985-26-7111	0985-26-7061
鹿児島県	鹿児島県　くらし保健福祉部　社会福祉課　恩給係	099-286-2111	099-286-2828
沖縄県	沖縄県　子ども生活福祉部　保護・援護課　援護班	098-866-2333	098-866-2175

参考文献

『援護50年史』厚生省社会・援護局援護50年史編集委員会 監修、ぎょうせい
『厚生省五十年史』厚生省五十年史編集委員会 編、厚生問題研究会
『引揚げと援護三十年の歩み』厚生省援護局 編、厚生省
『援護業務の弐十五年』藤原金八 著、藤原金八
『群馬県復員援護史』群馬県県民生活部世話課 編、群馬県
『茨城県終戦処理史』茨城県民生部世話課 編、茨城県
『新潟県終戦処理の記録』新潟県民生部援護課 編、新潟県
『援護と慰霊のあゆみ―戦後50周年記念』東京都福祉局生活福祉部援護福祉課 編、東京都
『日本陸海軍事典』原剛／安岡昭男 編、新人物往来社
『完本　日本軍隊用語集』寺田近雄 著、学習研究社
『帝国陸海軍の基礎知識―日本の軍隊徹底研究』熊谷直 著、光人社
『戦時用語の基礎知識―戦前・戦中ものしり大百科』北村恒信 著、光人社
『歩兵第百六連隊史』森本義一 著、北星社
『丸スペシャル No.52戦艦大和・武蔵』高城肇 著／加藤辰雄 編、潮書房
『破れ狼―ビルマ戦線狼山砲第二大隊指揮班長の記録』福谷正典 著、連合出版
『ビルマ助っ人兵団―狼第四十九師団と友軍部隊のビルマ戦記（上・下）』沖浦沖男 編著、狼第49師団戦記刊行会
『ビルマ戦記―方面軍参謀 悲劇の回想』後勝 著、光人社
『軍犬ローマ号と共に』志摩不二雄 著、光人社
『ビルマ軍医戦記』三島四朗 著、光人社
『陸軍よもやま物語―用語で綴るイラスト・エッセイ』棟田博 著、光人社
『図解　日本陸軍歩兵』中西立太 画／田中正人 文、並木書房
『日本の軍装』中西立太 著、大日本絵画
『写真で見る日本陸軍兵営の生活』藤田昌雄 著、光人社
『輸送船入門―日英戦時輸送船ロジスティックスの戦い』大内健二 著、光人社
『戦う民間船―知られざる勇気と忍耐の記録』大内健二 著、光人社
『戦う日本漁船―戦時下の小型船舶の活躍』大内健二 著、光人社

『赤紙―男たちはこうして戦場へ送られた』小沢真人／ NHK 取材班 著、創元社
『赤紙と徴兵―105歳 最後の兵事係の証言から』吉田敏浩 著、彩流社
『海上護衛戦』大井篤 著、朝日ソノラマ
『大日本帝国の興亡 2 ―一等国への道』伊藤之雄／戸部良一／左近幸村 著、学研パブリッシング
『太平洋戦争 9 ―日本降伏天皇・陸海軍・米ソそれぞれの戦い』片岡徹也／纐纈厚／佐藤卓己 著、学習研究社
『日本陸軍部隊総覧　別冊歴史読本永久保存版 戦記シリーズ 42』新人物往来社
『実録日本占領― GHQ 日本改造の七年 (歴史群像シリーズ (79))』学習研究社
『丸別冊 戦争と人物　陸海軍学校と教育―現代に生きる戦う男たちの人造り教育の全容』潮書房
『別冊一億人の昭和史　日本陸軍史　日本の戦史別巻①』毎日新聞社
『別冊一億人の昭和史　日本海軍史　日本の戦史別巻②』毎日新聞社
戦史叢書『5　ビルマ攻略戦』
『15　インパール作戦 ビルマの防衛』
『25　イラワジ作戦 ビルマ防衛の破綻』
『32　シッタン・明号作戦 ビルマ戦線の崩壊と泰・仏印の防衛』
『31　ビルマ・蘭印方面第三航空軍の作戦』
防衛研修所戦史室 編、朝雲新聞社
『ドキッ 乙女だらけの帝國陸軍入門』堀場亙 著、イカロス出版
『海軍工員記―戦時下の佐世保海軍工廠』森岡諦善 著、光人社
『従軍看護婦物語―日赤看護婦の見た中国戦線』水井潔子／水井桂 著、光人社
『日本はなぜ敗れるのか―敗因21カ条』山本七平 著、角川グループパブリッシング

「フリー百科事典　ウィキペディア」

〈著者略歴〉

栗須　章充（くりす　あきみつ）

東京都出身、中央大学法学部卒業後法律事務所勤務
平成２年　行政書士事務所を独立開業
事務所ＨＰ　http://kurisu-office.life.coocan.jp/
東京都行政書士会世田谷支部所属
世田谷支部長、東京都行政書士会理事を経て
平成21年から平成27年５月迄東京都行政書士会副会長

本書を書くにあたり資料収集並びに情報提供をしてくれた人
野村　和晃　氏
（行政書士事務所職員であり即応予備自衛官でもある）

軍歴証明の見方・読み方・とり方

2015年６月20日　初版発行
2019年３月20日　初版２刷

検印省略

日本法令®

〒101-0032
東京都千代田区岩本町１丁目２番19号
https://www.horei.co.jp/

著　者	栗　須　章　充
発行者	青　木　健　次
編集者	岩　倉　春　光
印刷所	東光整版印刷
製本所	国　宝　社

（営　業）TEL　03-6858-6967　Eメール　syuppan@horei.co.jp
（通　販）TEL　03-6858-6966　Eメール　book.order@horei.co.jp
（編　集）FAX　03-6858-6957　Eメール　tankoubon@horei.co.jp

（バーチャルショップ）https://www.horei.co.jp/iec/
（お詫びと訂正）https://www.horei.co.jp/book/owabi.shtml

※万一、本書の内容に誤記等が判明した場合には、上記「お詫びと訂正」に最新情報を掲載しております。ホームページに掲載されていない内容につきましては、FAXまたはEメールで編集までお問合せください。

ISBN 978-4-539-72427-9